U0208709

百变豆浆机

小厨娘 *Olivia*　乐活厨房 著

译林出版社

灵活运用豆浆机，
轻松变化出人人称赞的料理！

原本我很爱喝鲜奶，但因为先生有乳糖不耐症，所以开始自制豆浆饮品。

自从有了喝豆浆的习惯，我发现豆浆的营养价值不亚于鲜奶，其中脂肪成分主要是不饱和脂肪酸，这点比起鲜奶更是少了点负担。再者，豆浆从自行选豆开始，可以使用有机非转基因的黄豆，材料的选择相当透明、方便；而鲜奶大多是由大厂制作贩卖，中间奶牛饲养过程和加工程序，消费者很难掌控。经过这些年的比较和经验，我渐渐觉得自制豆浆更令人安心。

制作豆浆的工序有点麻烦，最困扰的是烹煮过程中豆浆很容易从锅中溢出，豆浆的有机物质受热膨胀就会产生气泡，从煮滚到熟透需要花费时间在一旁看着，我有好几次将炉台上弄得一塌糊涂。现在有了豆浆机后，煮豆浆方便多了，不用再费心顾着炉火，豆浆煮滚后，还会反复沸腾熬煮至充分熟透，也不容易在锅底焦糊。

由于我每次制作豆浆的分量有一升，除了作为早餐饮品，也开始将其运用在料理中。最简单地运用概念就是，用来取代鲜奶或清水，又因奶香与豆浆风味不同，与料理擦出了火花，总能给味蕾带来惊喜的感受。书中除了将豆浆使用在亚洲菜系的料理中外，我因为喜欢研究欧美料理，所以我也将豆浆运用到西式菜肴或点心中，如巧达浓汤、咸派或

松饼，创造出无国界的独特饮食感受。

运用豆浆做料理时，有些特性要特别注意。豆浆遇热或酸碱物质，就像人们熟悉的咸豆浆，其蛋白质的氨基酸分子会改变结构，而产生凝固或沉淀。所以用豆浆制作料理时不能煮太久；盐或酱油要在起锅前或熄火后加入；酸性的食材如西红柿最好另外烹调后加入。但如果不介意豆浆的蛋白质发生凝固现象的话，就不用特别在意这些料理技巧。

在写作本书的过程中，我经常邀请邻居、好友享用食谱中的料理，大家对于豆浆能变化出那么多菜色及点心都感到非常意外，也对豆浆料理的美味程度赞不绝口。希望参考本书制作的读者们，也能开心地将豆浆运用到每日料理中，为生活增添更多风味和营养。

小厨娘 Olivia

拒绝添加剂，自己做饮品最安心！

近年来，喝饮料的风气盛行，市区街上连锁饮料店林立，各式各样的饮料琳琅满目，人手一杯饮料俨然已成为街景特色之一。但近来食品安全问题频传，就连饮料也不能幸免。除了糖分和热量过多外，塑化剂、茶精、香料、劣质茶叶等负面消息，更是让许多饮料爱好者人心惶惶，生怕自己在不知不觉中喝下问题饮料。

其实，想要喝得清爽无负担，只要善用豆浆机，加上一点创意与巧思，就能杜绝香精、黑心化学添加物，在家轻松自制最天然的健康饮料！例如，用水果本身的甜味来调味，不但能减少糖的分量，也可以降低热量的摄取，同时兼顾美味与健康。

提到豆浆机，大家首先想到的一定是煮豆浆，但随着技术的进步，现在豆浆机的功能可是越来越多了，倘若只用来煮豆浆，是不是有些可惜呢？只要充分利用豆浆机的特性，如磨碎、搅拌、煮沸等功能，并且掌握食材的分量及用法，加入适量开水，就能做出好喝又顺口的豆浆、蔬果汁及精力汤。不管是炎炎夏日消暑沁凉的冰饮，还是冷冽冬日温暖手心的热饮，豆浆机轻轻一按，营养美味自然来，简单、省时又省力，就算天天喝也不会腻。

在进行本书的构思时，我经常思索着什么样的饮品在满足口腹之欲的同时，也能带来健康养生的功效，因此书中特别针对现代人常见的症状，

设计了相关的食谱。比如，"香蕉柳橙豆浆"能养颜美容，改善皮肤暗沉、粗糙，自然拥有Q弹润泽的肌肤；"胡萝卜燕麦精力汤"能预防花粉症、过敏性皮肤炎，敏感喷嚏不再来；"芹菜菠萝汁"能帮助排便顺畅，防治便秘，喝出轻盈肠道。

除了依照书中的食谱外，你也可以根据个人的喜好，加入喜欢的食材，自由运用豆浆机，制作出独一无二的创意饮品，让味觉摆脱传统制式的束缚，品尝食物最真实的原味。从今天起，学会自制最安心的饮品，一起享受最天然、最健康的无毒生活吧！

乐活厨房

一按ＯＫ！
豆浆机，让你变身全能料理达人

　　身处在讲求快速、方便的现代社会，出外就餐早已成为许多人固定的饮食模式，然而近来的食品安全风暴，吓坏了一堆出外就餐族，生怕吃出健康问题，坏了身体，造成体质过敏、肠胃疾病，甚至增加罹癌的风险，因此有越来越多人选择自己亲手料理三餐。

　　上市场采买新鲜食材，自己动手做更安心，不仅不用担心吃到化学添加物，而且更符合自身的需求，避开油腻、过多的调味，照顾被外食折磨已久的肠胃。

　　但是如何用最快速、省时的方式完成料理，做出三餐、点心及饮品，同时兼具食物的营养及美味？方便实用这时就变得十分重要，答案就在一台多功能豆浆机！

　　以前我们总认为豆浆机只能用来打豆浆，后来才发现原来豆浆机比我们想象得更厉害。随着科技的进步，豆浆机不再只具有单一功能，除了磨豆外，豆浆机也可以用来打磨其他谷类及食材，当作果汁机、冰沙机使用，所以不只是豆浆，任何食材都可以加入豆浆机内，甚至制作米糊、粥品都难不倒它。另外，像是养生食补的精力汤豆浆机也都可以轻松完成，非常适合家庭及单身人士使用。

　　你知道吗？喝不完的豆浆、剩下来的豆渣，如果擅于活用，也可以做出一道道美味又营养的料理，像是炖饭、乌龙面、大阪烧、松饼……都比你想象中简单，即使是厨房懒人或新手也都能立即上手，从此变身料理达人！

本书告诉你如何运用豆浆机，不需要其他的器具，就能以最省时、最省钱、最简便的制作方法，制作出好喝又纯天然的香醇饮品，更贴心地提供了清楚的图解步骤，不管是米食＋面点，还是配菜＋轻食，以及交给豆浆机一键做到好的浓汤等，都有一目了然的完整教学步骤，让你轻松料理，健康享用！

想挑战更多创意饮品、豆浆料理吗？欢迎一起动动脑、动动手指。就用一台多功能豆浆机，让你感受亲手做的乐趣。快速及健康的美味一指搞定，从此刻开始体验！

本书特色

★市售饮料添加物多，自己在家轻松自制，安心又健康！

担心外食影响健康，不少人选择自己亲自下厨，其中最易上手的就是自制饮品。只要一台豆浆机，就可以依家人及自己的需求，现打出新鲜又可口的各式饮品。书中精选 105 道饮品，包含豆浆、蔬果汁、精力汤等，喝出健康大功效，远离食品安全危机。

★无糖豆浆也能入菜，超美味料理不藏私大公开！

豆浆含有丰富的蛋白质，有"植物性牛奶"的美誉，非常适合全家人一起饮用。倘若喝腻了传统豆浆，只要懂得运用豆浆机，随心所欲地放入自己喜爱的食材，就能制作出口味独特的豆浆。如果这样还不过瘾，也能发挥创意，将豆浆、豆渣变化成多国料理，在充分运用不浪费的同时，也彻底满足口腹之欲，让吃过的人惊呼实在太美味啦！

目录 Contents

Chapter 1　好好喝！浓醇香的豆浆 & 蔬果饮品

Chapter 2 超人气！就爱豆浆米食

Chapter 6 大口吃！豆浆轻食咸点

Chapter 7 好满足！豆浆午茶甜点

豆浆惊人的健康力量

豆浆，可以说是流传千年的圣品。因为制成豆浆的豆类几乎不含胆固醇，并含有植物性蛋白质、铁、锌、钙等微量元素，这些都是人体所需的营养素。只要每日喝一杯豆浆，就能轻轻松松补充营养。

★豆浆对人体的好处

豆浆及牛奶，究竟哪个是对人体最适宜的拉锯战，一直各有拥护者，不过在亚洲等地区，因为有部分亚洲人有乳糖不耐症，喝牛奶容易导致轻微腹泻，豆浆因此稍占上风，或者可以说豆浆才是最适合亚洲人的健康饮品。

豆浆含有丰富的大豆蛋白（植物性蛋白），含量高达 2.6%；豆浆内含的铁质是牛奶的 25 倍，更远高于菠菜及猪肝。高血压、高血脂、糖尿病、肥胖症、心血管疾病等患者，可以从豆浆中摄取到人体所需的营养素，且不会额外增加身体的负担。

对于身体健康的人，多喝豆浆也可以有效地减少动物性脂肪及动物性蛋白的摄取，可以说豆浆是多喝益善的优良饮品。

★豆浆营养大解析

现代医学已经发现豆浆对于人体的好处，对于从大豆中摄取营养已有一定的认同。从中医药理来看，中医早就对豆浆有非常高的评价。从几本流传已久的医书及药学书上都能找到饮用豆浆的优点。

《延年秘录》："豆浆长肌肤，益颜色，填骨髓，加气力，补虚能食。"《本草纲目》："豆浆利水下气，制诸风热，解诸毒。"这两本书都提到多喝豆浆对于健康有所帮助。从现代营养学角度来看，豆浆对于人体的辅助作用源于大豆蛋白、大豆卵磷脂、大豆异黄酮、不饱和脂肪酸、矿物质及膳食纤维等的功效。

以下就这六大项，一一说明并了解这些成分对人体的好处，以及豆浆对于哪些症状或疾病能有所改善及提供助益。

大豆蛋白

大豆蛋白是目前人类发现的最好的植物蛋白，为高血压、糖尿病、高血脂、心脏病、高胆固醇及肥胖症患者最适合的蛋白质来源。这些患者可以用大豆蛋白取代动物性蛋白，有助于排出坏胆固醇，减轻身体负担。

大豆卵磷脂

大豆卵磷脂可以活化人体新陈代谢、增强自愈力、提升抵抗疾病侵袭的概率，并且稳定体内细胞的正常运作，对于推迟老化也有帮助。另外，也能降低胆固醇及预防高血脂的发生，还可以保护肝脏、防治脂肪肝。

大豆卵磷脂对于大脑也有帮助，可以提供大脑细胞所需的养分，加速脑神经之间的传递，让思绪更清晰、提升判断力。

大豆膳食纤维

大豆膳食纤维存在于豆浆之中，虽然是液态，仍具备调节血脂、降低血糖、预防心脏病及降低胆固醇、促进肠胃蠕动、改善便秘等功效，还可降低大肠癌、乳腺癌等发生率。

大豆异黄酮

素有植物性雌激素之称的大豆异黄酮，对于即将进入更年期的妇女颇有益处，例如提升体内不足的雌激素，让肌肤减缓水分的流失、增加弹力及光泽度。对于已进入更年期者可减缓这段时间的身体不适，改善情绪起伏过大等症状。近年来更发现它对于心血管疾病的预防有帮助。

不饱和脂肪酸

大豆拥有的不饱和脂肪酸对于健康非常有帮助，可以降低胆固醇、减少血液黏稠度，让体内（包含脑部）的血管循环趋于正常，进而稳定情绪达到安神之效。对于预防高血压、高血脂、动脉粥样硬化、糖尿病、心血管疾病及脑部血管疾病颇有帮助。

矿物质

大豆拥有的矿物质相当丰富，如铁、钙、磷、镁等。因此，饮用豆浆能立即补充这些矿物质，可预防贫血、拥有好气色、降低骨质疏松的发生，以及缓解精神上的压力及不安等。

超方便　超简单　超省时

全面熟悉豆浆机的各种用途吧！

只要轻按开关，豆浆机就能完成搅打、磨碎、煮沸等动作，再也不用耗费时间，时时刻刻守着炉火，担心豆浆溢出锅外，经过短短的 30 分钟，一杯热腾腾的豆浆就轻松制作完成了。

其实，豆浆机除了打豆浆外，也可以用来制作蔬果汁、浓汤、米糊等，甚至加点创意，就能变化出米食、面点、配菜、咸食、甜点等多种性价比值破表的应用变化，从中式、日式、西餐到甜点通通没问题。

一旦你开始使用豆浆机，了解到它的实用性与方便性，相信你就再也离不开它了。

豆浆机的 5 大优点

亲自制作最安心！

亲手制作的饮品及料理最安全，从食材挑选开始，就亲自掌握，让自己及家人都吃得安心。一台多功能的豆浆机，操作简单，营养不流失，吸收食物最天然的原味，再也不用担心食品安全问题。

2 节省料理时间!

花时间煮豆浆、熬汤头,耗时又费工,只要利用豆浆机,就能迅速做好各种料理,不管是豆浆、蔬果汁、浓汤、米糊,通通没问题,再也不用苦苦守候在厨房里,或每天手忙脚乱搞不定早餐。一杯现打的早餐饮品,美味又营养,守护全家人的健康,就是这么简单。

操作最简便!

豆浆机操作过程简单,只需要将食材洗净、切好后放入,再倒入清水,按下功能键即可。而且,25 ~ 35 分钟制作就能完成,中途无须更换任何器具,操作最简便、最轻松。从磨到煮,一键完成,方便省时,营养全释放,口感一级棒。

选好功能,一键搞定!

美味料理,轻松完成!

使用多功能豆浆机,除了制作原味豆浆外,还可搭配各种蔬果、五谷,制作多种口味的豆浆,新鲜健康看得见,怎么喝都不腻。另外,还可制作粥品、婴幼儿副食品、精力汤,以及各式浓汤,多样化的食谱任你选择,可说是全方位料理饮品及粥品、汤品的厨房小家电。

浓汤也能自己 DIY!

5 全家人都适用!

有了多功能豆浆机,就像家里多了个料理达人,可以满足全家人的各种需求!无论是年轻人爱喝的蔬果汁,或是老年人喜欢的粥品,还是婴幼儿的副食品等,每道都营养美味又富有口感。如果家中有人不爱吃蔬菜,不妨将蔬菜打成汁,保证大人小孩都爱喝。

豆浆机的
基本使用方法

原味豆浆

无论使用哪一种机型的豆浆机，都有基本的操作模式可供参考，以下就制作豆浆的步骤进行说明。

食材 黄豆100g

1 备妥食材

黄豆浸泡好，洗净沥干备用。

★ 小提醒：制作豆浆，干黄豆浸泡时间为春夏季4～6小时，秋冬季则为6～8小时。

2 倒入食材

将泡好的黄豆倒入豆浆机中。

3 加入冷开水

加水至上下水位线之间。水量低于下水位，容易造成食材打不全，高于上水位则会使食材溢出。

4 盖上机头，接通电源

请先扣合杯嘴，再用力合上机头，并插上电源线，接通电源。

★ 小提醒：放入或拿出机头时，请先拔掉插头，确保安全。

5 选择功能，按下启动键

选好功能，按下启动键，开始进行制作。

6 制作完成，即可饮用

大约25～35分钟，就能自动煮好热腾腾的豆浆（或蔬果汁、精力汤、粥品等），倒入杯中即可饮用。

★ 小提醒：制作蔬果饮品时，由于食材容易氧化，请在半小时内饮用完毕。

清洗豆浆机

制作完成，待机器冷却后，应立即清洗，以免食物残渣干覆在机器内，摆放越久就越难清洁，或是在杯体内加水稍加浸泡，以利清洗。

清洗时，请用清水将机头、杯体内侧、刀片等附着的残渣仔细冲洗干净，机头上半部，以及把手处，使用湿抹布直接擦拭即可，以免因进水造成故障。

※ 小提醒：清洗杯体内部时，避免使用百洁布、钢刷等刷洗，以免造成刮痕。

零失败！
豆浆机常见的问题

Q 1 豆浆机有哪些功能？

A：

市面上的豆浆机大致可分成单功能及多功能两类：单功能豆浆机只能制作豆浆，价格也较便宜。多功能豆浆机则能制作豆浆、米浆、蔬果汁、精力汤、米糊、浓汤、粥，甚至还可以做果酱等，因此也较受欢迎。

部分品牌的豆浆机更推出超研磨、预约等功能，超研磨技术可以将五谷杂粮等充分粉碎，并且能让黄豆中的植物蛋白完整释出，兼具香气及营养。

预约功能则可以方便上班族充分掌握制作时程，随时都能喝到新鲜饮品，无须在下班后手忙脚乱地制作豆浆或蔬果汁。

多功能豆浆机也能打出健康蔬果汁。

Q 2 如何选购豆浆机？

A：

豆浆机的品牌及款式相当多，就算是同一品牌也有各种机型可选择。除了依功能性来选购外，建议还可依容量来作为选购的参考值。如果家庭人口在 2～4 人，建议选购 900～1300ml 即可；若是 5 人（含）以上则建议使用 1300～1600ml 的豆浆机。选购的标准，须视个人需求而定，才能买到最适合自己的机型。

Q 3 豆浆机的水位如何选择？

A：

大多数的豆浆机都设有上下水位线的刻度，一般建议将水位控制在这两条刻度线之间，所以先放入食材后再加水，才是最安全且不会满溢的水位。

如果需要制作较大量的豆浆（果汁、精力汤等），可以选择最高水位线，但是同样必须先放入食材再加水。这才是最正确的水位选择，千万不可自行尝试加入过量或过少的水，以免影响豆浆机的使用寿命。

水量可视个人口感酌量增减，但须控制在上下水位线之间。

Q 4 是否一定要用开水打豆浆？

A：

若是制作豆浆，由于豆浆机会自动加热煮滚，可以使用过滤过的自来水；反之，若是打蔬果汁、精力汤等，由于此功能不会进行加热，请使用已煮沸过的冷开水。值得注意的是，不建议使用浸泡过豆子或五谷的水，无论是否已煮沸过，原因在于水中已经含有杂质，甚至可能已融入如农药等看不见的化合物，为了身体健康，请将浸泡过食材的水倒掉。

Q5 豆类是否一定要事先浸泡？

A：

目前市售的豆浆机，大多数都可以直接用干豆制作豆浆。当然，使用干豆时建议先清洗，以免干豆上留有杂质或肉眼看不见的细菌。另外，如果较讲究口感及豆香等，则建议先将豆子或谷类浸泡成为湿豆，可以充分将大豆的营养素释放出来，豆类的天然香气也能完全释山。

Q6 如何选购优质的豆类？

A：

既然决定自制豆浆，在豆类的选购上更不应马虎。选购的重点是必须粒粒圆润饱满，而且豆类的色泽光亮，肉眼可看出，才是新鲜的豆子。值得一提的是，豆子若有些斑纹或部分变形凹陷，或是某一部位特别凸起，则不建议选购，这并不是所谓的大自然恩赐或无农药，极有可能这批豆子曾受到细菌感染。同时请选择非转基因的豆类，才能喝出最天然的原味。

Q7 豆浆可否大量饮用？

A：

任何食物或饮品都不宜过量，豆浆若饮用过量，容易引起蛋白质消化不良的症状，将会出现腹胀、腹泻等不适感。建议成年人每次饮用约 300 ~ 500ml；三岁以上的儿童则以每次 100 ~ 200ml 为宜。一天豆浆的饮用次数，最多 2 ~ 3 次，若饮用到第二次已经略有腹胀感，就表示一日内能吸收的分量已足够。至于三岁以下的婴幼儿则不建议饮用豆浆，还是以母乳及婴儿副食品为宜。

Q8 豆浆一定煮熟才能喝？

A：

豆浆一定要煮熟才能喝，原因在于豆浆含有皂素、胰蛋白酶抑制物等有害物质，若是豆浆并未煮熟，很容易因此产生恶心、呕吐、腹泻等中毒症状。

豆浆机一般在研磨和煮制豆浆的过程完成后，温度都会达到 100℃，能完全分解和破坏豆浆中的有毒物质，因此可以放心饮用。

Q9 喝不完的豆浆如何保存？

A：

虽然已经使用豆浆机来制作，偶尔也会发生喝不完的状况，建议倒入干净的容器内密封后，放入冰箱冷藏，第二天要饮用时再次加热（使用微波炉或是放入锅中隔水加热皆可）。值得注意的是，若是放入冰箱冷藏，建议隔天就喝掉，因为自制豆浆是纯天然的，不含有任何防腐作用的添加物，因此很容易变质腐坏。如果想保存两天以上（请勿超过五天），豆浆须放置在密封的保温瓶内，在室温下自然放凉后，再移入冰箱冷藏较佳。

Q10 哪些人不适合喝豆浆？

A：

豆浆是豆类制成的饮品，对于豆类较敏感者，以及胃溃疡者、肾炎者、肾衰竭者都不可饮用豆浆。因为豆浆容易引起腹鸣、腹胀等，胃溃疡者更容易受到刺激而造成胃酸过多，引发不适，甚至胃痛。

另外，豆浆富含大量的蛋白质，其代谢物都会增加肾脏的负担，因此已有肾脏类疾病的患者也不宜饮用。再者，豆类含有普林，所以痛风患者尽量少饮用，急性发作期则要禁食。

Chapter 1

好好喝！浓醇香的豆浆 & 蔬果饮品

> 想来杯口感滑顺的豆浆、蔬果汁或精力汤，
>
> 豆浆机一键按下，就能轻松完成，
>
> 维持营养均衡一点都不难，
>
> 就用蔬菜、水果喝出健康满分的身体！

美容养颜 自信透亮，素颜也OK！

　　随着年龄增长，肌肤的光滑及弹力开始下滑，细纹也跑出来见人，除了使用化妆品勤保养以外，其实靠食补更健康、更持久，例如：多喝蔬果汁、豆浆等饮品，就能推迟生理机能的老化现象，甚至补足身体所需的养分。

饮食要点

1. 想拥有白皙的肌肤，可选择含有维生素C的水果，如柳橙、葡萄柚、柠檬、菠萝等。
2. 多吃蔓越莓、葡萄、樱桃等富含花青素的水果，能抗老防氧化，预防皱纹生成。
3. 多吃富含B族维生素、胡萝卜素、铁、锌等食物，能让气血循环更顺畅，给你好气色，苹果、西红柿、芹菜、香蕉都是不错的选择。

>> 樱桃葡萄柠苹汁

食材 樱桃、紫葡萄、红苹果各200g
柠檬100g

★做法

1. 樱桃、葡萄泡入盐水10分钟，洗净，若不习惯咸味，可改用太白粉浸泡，以去除农药或脏污。
2. 葡萄、苹果、柠檬，全数洗净后去皮、去籽；樱桃洗净后去蒂、去籽。
3. 苹果、柠檬再切成小块。
4. 将所有食材倒入豆浆机中，加水至上下水位线之间，选好功能，按下启动键，开始制作即可。

功效解析：丰富的维生素C、抗氧化物、果胶等，让气色更红润，更显神采奕奕。

特别提醒：去籽可让果汁没有苦味、没有杂质，虽然麻烦一点，却可以让果汁更好喝顺口。

香蕉柳橙豆浆 <<

 食材 香蕉100g、柳橙150g、黄豆50g

★做法

1. 香蕉去皮后对切，再切成小块。

2. 柳橙洗净后剥皮，切半并去籽，再切成小块。

3. 黄豆洗净后，用清水浸泡4～8小时，再洗净。

4. 将所有食材倒入豆浆机中，加水至上下水位线之间，选好功能，按下启动键，开始制作即可。

功效解析：B族维生素、维生素C、纤维素、豆胶等，都是让肌肤更加滑润、气色更加明亮的天然营养素，又易有饱足感。

特别提醒：豆浆中加入香蕉后，整体口感更加浓稠，建议水的比例可依个人喜好调整，越浓郁越有饱足感，除了美颜外，也适用于减肥。

>> 葡萄柚菠萝豆浆

 食材 葡萄柚、菠萝各250g，黄豆50g

★做法

1. 菠萝削皮后先对切约1/3，再切成小块。

2. 葡萄柚洗净后削皮去籽，再切成小块。

3. 黄豆洗净后，用清水浸泡4～8小时，再洗净。

4. 将所有食材倒入豆浆机，加水至上下水位线之间，选好功能，按下启动键，开始制作即可。

功效解析：丰富的维生素C及纤维素能让肌肤更加白皙，长期饮用可让全身的肌肤更加透亮。

特别提醒：豆浆机型若功能较迷你（仅单一功能），而欲制作的蔬果类较多时，可先煮好豆浆再混入蔬果汁，以免未搅碎的蔬果或豆类颗粒较大，口感不佳。

>> 蔓越莓奇异果豆浆

 奇异果 200g，蔓越莓干、黄豆各 50g

★做法

1. 奇异果洗净后削皮，切成 3 ~ 4 小块。

2. 蔓越莓干切成小块。

3. 黄豆洗净后，用清水浸泡 4 ~ 8 小时，再洗净。

4. 将所有食材放入豆浆机，加水至上下水位线之间，选好功能，按下启动键，开始制作即可。

功效解析：丰富的B族维生素、维生素C、氨基酸等，能提振精神，维持红润的气色；大量纤维质具有饱足感，适合早上或饭前饮用。

特别提醒：蔓越莓干，请购买原味没有经过调味的产品，以免摄取过多糖分。

>> 苹果豆浆

 苹果 300g、黄豆 50g、蜂蜜 5 ~ 10g

★做法

1. 苹果洗净后削皮，切半先去籽，再切成数小块，越小越好。

2. 黄豆洗净后，用清水浸泡 4 ~ 8 小时，再洗净。

3. 将黄豆、苹果倒入豆浆机，加水至上下水位线之间，选好功能，按下启动键，开始制作即可。

4. 等放凉，加入适量蜂蜜，口感更加香甜滑顺。

功效解析：苹果富含大量维生素C、纤维素等，可促进体内循环、增强抵抗力、辅助美白功能。加上豆浆富含植物性雌激素，能推迟老化、美丽肌肤。

特别提醒：苹果因品种及产季不同可能会偏甜或偏酸，偏酸时可加入适量蜂蜜，不但能减少色素沉淀，也能促进皮肤新陈代谢。

>> 双梨汁

食材 鳄梨 250g、菠萝 150g

做法
1. 菠萝洗净削皮后，取 1/4 颗，切成小块。
2. 鳄梨洗净削皮后去籽，切成小块。
3. 将所有的食材，加水至上下水位线之间，选好功能，按下启动键，开始制作即可。

功效解析： 鳄梨及菠萝含有丰富的纤维素，长期饮用可清除宿便，维持体内顺畅，肌肤自然透亮。

特别提醒： 鳄梨单独打成果汁，几乎无味，可以借由菠萝的比重做甜味调整，例如改成酪梨与菠萝1：1。

芹菜苦瓜精力汤 <<

食材 芹菜 300g、苦瓜 150g，西红柿、菠萝各 100g

做法
1. 菠萝削皮后取 1/4 颗，切成小块。
2. 苦瓜洗净后削皮，切半去籽，切成小块。
3. 西红柿洗净后，切半去籽，切成小块。
4. 芹菜洗净后，切成小块。
5. 将所有食材放入豆浆机，加水至最高水位线，选好功能，按下启动键，开始制作即可。

功效解析： 大量的纤维素让体内新陈代谢更顺畅；各种维生素如B族维生素、维生素C、维生素E等可让气血红润，常保身体健康。

特别提醒： 蔬果精华浓缩的精力汤，可以多选用蔬菜类做替换，有别于口感较甜的果汁及豆浆饮品，它同样能促进健康，但口感更多元。

减肥瘦身 窈窕曲线，展现轻盈！

减肥期间，容易因为饮食不均衡，导致便秘、感冒、皮肤变差等问题，因此，食补除了考虑可否作为代餐，也要兼顾到营养的补充、健胃整肠、促进气血循环、增加免疫力等，让饮品也成为减肥成功的助力。

饮食要点

1. 补充减肥期间的营养，需要富含维生素 C 的蔬果，如苹果、葡萄柚、柠檬等。
2. 纤维素可以促进肠胃蠕动，帮助排毒减肥，建议多摄取芹菜、白萝卜、胡萝卜等蔬果。
3. 摄取 B 族维生素，不但能促进新陈代谢，更能提振精神，让减肥期的活力不减，首选水果就是香蕉。

>> 嫩姜柠檬汁

 嫩姜 100g、柠檬 150g
蜂蜜 5 ~ 10g

★做法

1. 嫩姜洗净后，除去表皮黑斑等处，切成小薄片，越薄越易打成汁。
2. 柠檬洗净后去皮、去籽，切成小块。
3. 将嫩姜片及柠檬块倒入豆浆机中，加水至上下水位线之间，选好功能，按下启动键，开始制作即可。
4. 饮用前加入适量蜂蜜，提升口感。

功效解析：可以促进循环，增强抵抗力，健胃整肠，帮助养分吸收，让减肥期间保持健康，预防感冒等疾病。

特别提醒：姜的味道辛辣、柠檬的味道微酸，建议用蜂蜜的甜味中和口感。

苹果香蕉奇异果汁 <<

 香蕉、苹果各80g；奇异果30g

★做法

1. 香蕉去皮，再切成小块。

2. 苹果洗净后削皮、去籽，切成小块。

3. 奇异果洗净后切半，挖出果肉，切成小块。

4. 将所有食材倒入豆浆机中，加水至上下水位线之间，按下功能键，开始制作即可。

功效解析：B族维生素、维生素C、纤维素、豆胶等营养素，不但能润泽肌肤，又易有饱足感。

特别提醒：果汁中加入香蕉后，整体口感更加浓稠，水量可依个人喜好调整比例。

>> 燕麦豆浆

 燕麦、黄豆各50g，蜂蜜5g

★做法

1. 燕麦片洗净后，滤干水分备用，如果购买即冲即食的产品，则不需要清洗。

2. 黄豆洗净后，用清水浸泡4～8小时，再洗净。

3. 将黄豆、燕麦片倒入豆浆机，加水至上下水位线之间，选好功能，按下启动键，开始制作即可。

4. 等放凉后，加入适量蜂蜜饮用，也可以不加。

功效解析：减肥瘦身时最容易便秘，燕麦片可促进肠胃蠕动，又能稳定血糖及血脂。

特别提醒：为了让口感更好，可加入一点点蜂蜜调味。

>> 绿豆豆浆

 绿豆 70g、黄豆 50g、蜂蜜 5g

★做法

1. 黄豆、绿豆洗净后，用清水浸泡 4 ~ 8 小时，再洗净。

2. 将黄豆、绿豆倒入豆浆机，加水至上下水位线之间，选好功能，按下启动键，开始制作即可。

3. 等放凉后，加入适量蜂蜜饮用，也可以不加。

功效解析：瘦身减肥时，若遇上停滞期，吃点绿豆能帮助排毒消肿，维持体内正常代谢。

特别提醒：减肥千万不要加糖，不习惯无糖豆浆的口感，可加入蜂蜜调味。

>> 黄瓜豆浆

 小黄瓜 150g、黄豆 100g

★做法

1. 黄豆洗净后，用清水浸泡 4 ~ 8 小时，再洗净。

2. 小黄瓜洗净后削皮，切成小块。

3. 将所有食材倒入豆浆机，加水至上下水位线之间，选好功能，按下启动键，开始制作即可。

功效解析：黄瓜有利于排除体内多余水分，大量的维生素C及氨基酸都是对健康有帮助的养分。

特别提醒：浓稠的无糖黄瓜豆浆，可在短时间急需减肥时，作为其中一餐的替代品。

>> 白萝卜苹果香柚汁

 帮助清除
体内废物

食材　白萝卜、葡萄柚各 200g，苹果 150g

做法
1. 白萝卜去头尾、削皮、洗净后，切成小块。
2. 苹果洗净后削皮，对半切、去蒂去籽，切成小块。
3. 葡萄柚洗净后去皮，对半切并去籽，切成小块。
4. 将所有食材放入豆浆机，加水至上下水位线之间，选好功能，按下启动键，开始制作即可。

功效解析：丰富的维生素C、纤维素、果酸等，可以补充减肥时所需的营养，白萝卜泥及苹果泥易有饱足感。

特别提醒：萝卜有点辛甜味，欲调整口感可在饮用前加入一点点蜂蜜。

排毒消脂
助消化

芹菜胡萝卜精力汤 <<

食材　芹菜 400g（约 4 ～ 5 根）、胡萝卜 150g

做法
1. 胡萝卜去头尾后，削皮洗净，切成小块。
2. 芹菜洗干净后，切成小块。
3. 将所有食材倒入豆浆机，加水至最高水位线，选好功能，按下启动键，开始制作即可。

功效解析：芹菜及胡萝卜含有的纤维素可促进体内新陈代谢，让肠胃蠕动更顺畅。

特别提醒：浓缩的精力汤中仍含有少量纤维，为了促进减肥成效，建议不要过滤，直接饮用。

乌黑秀发 柔顺闪耀，不纠结！

现代人生活紧凑，几乎每个环节都处在压力之中，白头发也偷偷地占据头顶。勤于染发，虽然可以让外表光鲜亮丽，但是化学药剂又有致癌危机，还不如采用食补更安心。

饮食要点

1. 压力大容易增生白发，选择含有 B 族维生素的食物，如香蕉、蛋类、牛奶等，能帮助减压，并有助于刺激头发的生长。
2. 预防白发生成，摄取充足的蛋白质是必需的，建议多吃瘦肉、鱼肉等。
3. 中医认为黑色食物，可乌发、推迟衰老。建议日常饮食不妨多吃黑芝麻、黑木耳、黑豆、桑葚、黑糯米等。

>> 三黑豆浆

 黑豆、黑芝麻各 40g，黑米 30g

★ 做法

1. 黑豆洗净后，用清水浸泡 4 ~ 8 小时，再洗净。
2. 黑米洗净后，用清水浸泡 2 小时，再洗净。
3. 黑芝麻不需要特别清洗，若不放心可用清水冲刷一下，确认无杂质即可。
4. 将所有的食材，加水至上下水位线之间，选好功能，按下启动键，开始制作即可。

功效解析：三黑豆浆含有丰富的蛋白质、钙等营养素，长期饮用可健脾活血、明目，并使头发逐渐恢复光泽，减缓白发生成。

特别提醒：黑米分量不能过多，否则制作过程较易产生焦黑味，影响口感。

>> 芝麻香蕉奶蛋汁

加强滋润
秀发不毛躁

 黑芝麻 100 g、香蕉 300 g、柠檬 150 g
鸡蛋 1 颗、鲜奶适量

★做法

1. 香蕉剥皮后对半切，切成小块。

2. 柠檬洗净后去皮、去籽，切成小块。

3. 鸡蛋打散在碗中，分出蛋清及蛋黄，只需要使用蛋黄。

4. 将所有食材倒入豆浆机中，加入鲜奶至上下水位线之间，选好功能，按下启动键，开始制作即可。

功效解析：B族维生素、氨基酸、钙质等，都有很高的营养价值，可以提供秀发所需的养分。

特别提醒：如果加温牛奶，蛋黄较容易结成小块状，会影响口感。若不喜爱冰饮，建议选用室温下的牛奶为宜。不能喝牛奶者可换成酸奶。

>> 三蔬精力汤

预防头发断裂

 胡萝卜 150 g、莴苣叶 50 g
青苹果 160 g

★做法

1. 胡萝卜洗净后削皮，取半根，切成小块。

2. 青苹果洗净后削皮，切半去籽，切成小块。

3. 莴苣洗净后，切成小片。

4. 将所有食材放入豆浆机，加水至上下水位线之间，选好功能，按下启动键，开始制作即可。

功效解析：大量的维生素A、维生素C，及B族维生素，能保持头发的黑色素，增强发质强韧度。

特别提醒：青苹果有微酸的口感，可以让精力汤更清爽，若习惯重口味，可以在饮用前，加一点点盐调味。

滋养头皮

紫米豆浆 <<

食材 紫米 40g、黄豆 50g

★ 做法

1. 紫米略冲洗一下，洗去杂质。

2. 黄豆洗净后，用清水浸泡 4 ~ 8 小时，再洗净。

3. 将所有食材放入豆浆机，加水至上下水位线之间，选好功能，按下启动键，开始制作即可。

功效解析：B族维生素、氨基酸等营养素，能滋润养护头皮及肌肤，达到促进气血循环的效果。

特别提醒：紫米的分量可增加到50g，口感会更浓稠，嗜甜者可以加点黑糖或蜂蜜提味。

>> 紫苏叶香菜蜜汁

食材 紫苏叶 50g、香菜 30g、蜂蜜 10g

★ 做法

1. 紫苏叶、香菜洗净后，去掉根及茎的部分。

2. 将所有食材倒入豆浆机中，加水至上下水位线之间，选好功能，按下启动键，开始制作即可。

功效解析：B族维生素、维生素C、纤维素等营养素，可以减压、降火气、预防白发生成。

特别提醒：香菜及紫苏叶都具有强烈的香气，光是闻气味就可放松紧绷的情绪，如果不敢吃香菜，建议更换薄荷叶。

减压安神
减少白发生成

>> 核桃腰果豆浆

 食材 核桃、腰果各 25g，黄豆 50g、蜂蜜 5g

做法 1. 核桃及腰果，先用刀背敲碎，再切成小块。

2. 黄豆洗净后，用清水浸泡 4 ~ 8 小时，再洗净。

3. 将黄豆、腰果及核桃碎块倒入豆浆机，加水至上下水位线之间，选好功能，按下启动键，开始制作即可。

4. 等放凉，依个人喜好加入适量蜂蜜，口感更加香甜滑顺。

功效解析： 坚果类含有B族维生素、矿物质等，可健脾养胃、增强抵抗力，强化头发韧度及弹力。

特别提醒： 不一定要加蜂蜜，如果习惯无甜味豆浆，也可以直接饮用。

枸杞红豆豆浆 << （活气血 滋养发根）

 食材 红豆 30g、枸杞 20g、黄豆 50g

做法 1. 枸杞洗净。

2. 红豆、黄豆洗净后，用清水浸泡 4 ~ 8 小时，再洗净。

3. 将所有食材倒入豆浆机，加水至上下水位线之间，选好功能，按下启动键，开始制作即可。

功效解析： 氨基酸、B族维生素、维生素C能活络气血，达到滋养发根及补气的功效。

特别提醒： 如果不太排斥枸杞的中药味，建议枸杞增加到30 ~ 40g，补气活血的效果会更强，还可以明目。

排毒 加速代谢，和毒素说 Bye Bye！

排毒能加速体内新陈代谢，恢复人体正常的生理机能，便秘、免疫力低下等问题也都能迎刃而解。通过天然的食补，能帮助肠道蠕动、利尿、促进气血循环，达到真正排毒的效果。

饮食要点

1. 排毒最重要的是维生素、膳食纤维的补充，可多摄取大量的蔬菜，如苦瓜、南瓜等。
2. 补充 B 族维生素、维生素 C 也很重要，可多摄取如绿豆、小麦苗、明日叶（学名白背三七，又名明日草、长寿草、还阳草。）等。
3. 五谷类食物含有微量元素，能平衡体内营养，对于促进新陈代谢也有帮助。

>> 五谷豆浆

食材 杏仁、核桃、花生、糙米、腰果各 10g
黄豆 50g、蜂蜜 5g

★ 做法

1. 杏仁、核桃、花生、腰果，请用刀背压碎。
2. 糙米淘洗干净，用清水浸泡 2 小时。
3. 黄豆洗净后，用清水浸泡 4 ~ 8 小时，再洗净。
4. 将所有食材倒入豆浆机中，加水至上下水位线之间，选好功能，按下启动键，开始制作即可。
5. 等放凉后，加入适量蜂蜜饮用，也可以不加。

> **功效解析：** 丰富的微量元素能提升体内新陈代谢，帮助排毒，更有助于头脑清晰，提高判断力。
>
> **特别提醒：** 五谷或十谷类都可以轮流交替使用。

>> 小麦苗胚芽精力汤

清热解毒
改善体质

 小麦苗约60g、胚芽米50g

★做法

1. 小麦苗洗净后去根部，再切成小段。

2. 胚芽米淘洗干净，用清水浸泡1～2小时。

3. 将所有食材倒入豆浆机中，加水至上下水位线
之间，选好功能，按下启动键，开始制作即可。

功效解析：小麦苗可促进肠胃蠕动，具有排
毒退火之效，胚芽米则富含微量元素，能让身
体补充营养。

特别提醒：小麦苗有寒性，可酌量加入生姜
退寒。

>> 苦瓜汁

解体内湿热毒

 苦瓜200g、蜂蜜5g

★做法

1. 苦瓜洗净后，对半切去籽，切成小块。

2. 将苦瓜及蜂蜜倒入豆浆机中，加水至上下水
位线之间，选好功能，按下启动键，开始制
作即可。

功效解析：苦瓜含有生物碱、尿素等，虽然
含有苦味，但这些成分具有排毒、解热、去湿
气、消除疲劳等功效。

特别提醒：苦瓜的苦味，建议用蜂蜜的甜味
中和口感。

南瓜汁 《

 食材 南瓜 300g、蜂蜜 5g

★ 做法

1. 南瓜洗净后削皮，对半切后去籽，切成小块。

2. 将南瓜放入豆浆机，加水至上下水位线之间，选好功能，按下启动键，开始制作即可。

3. 饮用前加入适量蜂蜜，也可以不加。

> 功效解析：南瓜可排除体内毒素及有害物质，不但可以促进肠胃蠕动，又能保护胃壁黏膜。
>
> 特别提醒：南瓜没有太多味道，可加入适量蜂蜜调味。

>> 绿豆薏仁豆浆

食材 薏仁、绿豆各 30g
黄豆 70g、蜂蜜 5g

★ 做法

1. 薏仁淘洗干净，用清水浸泡 2 小时。

2. 黄豆、绿豆洗净后，用清水浸泡 4 ~ 8 小时，再洗净。

3. 将所有食材倒入豆浆机中，加水至上下水位线之间，选好功能，按下启动键，开始制作即可。

4. 等放凉后，加入适量蜂蜜饮用，也可以不加。

> 功效解析：绿豆、薏仁两者皆含有排毒、利尿、去水肿的功效，达到养颜美容的效果。
>
> 特别提醒：饮用前加入蜂蜜，可使口感滑顺。

排毒美颜
好气色

>> 双绿豆浆

丰富膳食纤维
帮助排毒

食材 龙须菜、地瓜叶各 200g，黄豆 100g，蜂蜜 5g

做法
1. 龙须菜、地瓜叶分别洗净后，各切成小段。
2. 黄豆用清水浸泡 4 ~ 8 小时，洗净。
3. 所有食材倒入豆浆机中，加水至上下水位线之间，按下功能键，启动即可。
4. 用前加入适量蜂蜜，也可以不加。

功效解析：龙须菜、地瓜叶含有大量的膳食纤维，可辅助体内油脂排出，皆有"排毒蔬菜"的美名，对于促进血液循环、活化细胞特别有帮助。

特别提醒：如果全选用同一种蔬菜（龙须菜或地瓜叶）也可以，如果想改成咸豆浆就加少许盐。

促进血液循环
活化细胞
明日叶汁 <<

食材 明日叶 300g、蜂蜜 5g

做法
1. 明日叶洗净后，切成小段。
2. 明日叶放入豆浆机中，加水至上下水位线之间，选好功能，按下启动键，开始制作即可。
3. 等放凉后，加入适量蜂蜜饮用，也可以不加。

功效解析：明日叶含有机锗、铁等微量元素，素有"血液清道夫"之称，对于促进血液循环、活化细胞特别有帮助。

特别提醒：明日叶，可至有机蔬菜专卖店购买。

抗衰老 逆转岁月，青春不打烊！

老化是人体正常演化过程，任何人都无法阻止变老，但是可以借由食补让身体减缓老化的速度，并通过营养的补充，促进气血循环，让身体更加健康，自然而然就不会显现老态。

饮食要点

1. 预防老化，可多吃樱桃、葡萄、萝卜等富含维生素 A、维生素 C 的蔬果。

2. 补充大量的微量元素也有助于抗衰老，可多吃如核桃、薏仁、杏仁等五谷类。

3. 补充单宁酸也很重要，可以养颜美容等，例如近年来最受欢迎的玫瑰花茶，就是因其富含的维生素及单宁酸。

>> 双红豆豆浆

 红豆 30g、大红豆 20g
黄豆 50g、蜂蜜 5g

★做法

1. 大、小红豆洗净后，用清水浸泡 4 ~ 8 小时，再洗净。

2. 黄豆洗净后，用清水浸泡 4 ~ 8 小时，再洗净。

3. 将大、小红豆及黄豆倒入豆浆机，加水至上下水位线之间，选好功能，按下启动键，开始制作即可。

4. 等放凉，加入适量蜂蜜，增添口感及甜度。

功效解析：红豆不仅活血，更是抗癌食品，对于女性经期也有稳定作用，搭配豆浆还可刺激雌激素分泌，更有女人味。

特别提醒：大红豆也可以购买已浸泡过的产品，以节省浸泡时间。

>> 核桃枸杞糙米豆浆

 核桃、糙米各 20g，枸杞 10 颗
黄豆 50g、蜂蜜 5g

★做法

1. 核桃用刀背压碎；枸杞洗净。

2. 糙米淘洗干净，用清水浸泡 2 小时。

3. 黄豆洗净后，用清水浸泡 4 ~ 8 小时，再洗净。

4. 将核桃、糙米、枸杞、黄豆倒入豆浆机中，加水至上下水位线之间，选好功能，按下启动键，开始制作即可。

5. 等放凉后，加入适量的蜂蜜饮用，提升口感。

> 功效解析：五谷类的微量元素相当丰富，可以推迟老化，增强抵抗力。
>
> 特别提醒：建议选购新鲜枸杞，若是干品，请先用温开水浸泡至微软。

>> 樱桃豆浆

 樱桃 10 颗、黄豆 100g、蜂蜜 5g

★做法

1. 樱桃洗净后去蒂，对切后去籽。

2. 黄豆洗净后，用清水浸泡 4 ~ 8 小时，再洗净。

3. 将黄豆、樱桃倒入豆浆机，加水至上下水位线之间，选好功能，按下启动键，开始制作即可。

4. 等放凉后，加入适量蜂蜜，增添口感及甜度。

> 功效解析：樱桃含有大量的维生素C，对于预防皱纹生成，维护肌肤弹性最具功效。
>
> 特别提醒：一定要选购新鲜樱桃，若无法买到可改成奇异果搭配鳄梨及柳橙。

红葡萄豆浆 <<

 食材 红葡萄 10 颗、黄豆 100g、蜂蜜 5g

★做法

1. 葡萄洗净后剥皮去籽，保留果肉即可。

2. 黄豆洗净后，用清水浸泡 4 ~ 8 小时，再洗净。

3. 将所有食材倒入豆浆机中，加水至上下水位线之间，选好功能，按下启动键，开始制作即可。

4. 等放凉后，加入适量的蜂蜜饮用，可提升口感。

> 功效解析：红葡萄富含各类维生素，以及最有利于美肌活血的花青素，可以让肌肤更加明亮。
>
> 特别提醒：红葡萄含有的养分多于白葡萄，因此不建议更换。

>> 玫瑰薏仁豆浆

 食材 干燥玫瑰 10 朵、薏仁 30g
黄豆 50g、蜂蜜 5g

★做法

1. 玫瑰洗净；薏仁淘洗干净，用清水浸泡 2 小时。

2. 黄豆洗净后，用清水浸泡 4 ~ 8 小时，再洗净。

3. 将玫瑰花、薏仁及黄豆倒入豆浆机，加水至上下水位线之间，选好功能，按下启动键，开始制作即可。

4. 等放凉，加入适量蜂蜜，增添口感及甜度。

> 功效解析：薏仁可排除体内多余水分，玫瑰的单宁酸及维生素可养颜美肌，经常饮用不仅减肥更抗老。
>
> 特别提醒：干燥的玫瑰花良莠不齐，建议选择有信誉的中药店购买。

>> 白萝卜胚芽杏仁精力汤

食材 白萝卜150g，胚芽米、杏仁各20g

做法
1. 白萝卜去头尾后，削皮洗净，切成小块。
2. 胚芽米淘洗干净，用清水浸泡2小时，洗净。
3. 杏仁用刀背压碎备用。
4. 将所有食材放入豆浆机，加水至最高水位线，选好功能，按下启动键，开始制作即可。

功效解析：白萝卜的纤维素及维生素可促进新陈代谢，帮助抗氧化，谷类的微量元素则可增加活力。

特别提醒：若想变换口味，胚芽米可改成10g，换补上薏仁10g，以增添风味。

促进循环 排毒抗老 萝卜花椰菜汁 <<

食材 胡萝卜、白萝卜各150g，花椰菜60g

做法
1. 胡萝卜、白萝卜去头尾后，削皮洗净，切成小块。
2. 花椰菜洗净，切成小块。
3. 将所有食材倒入豆浆机，加水至上下水位线之间，选好功能，按下启动键，开始制作即可。

功效解析：萝卜及花椰菜可抗氧化、排毒，帮助肠胃蠕动，体内循环好，自然不易显现老态。

特别提醒：花椰菜建议以绿色花椰菜为主，或两色花椰菜都使用。

效果 06>>

抗辐射 减少辐射伤害，保护健康！

现代人大量依赖使用计算机、智能型手机、平板等，而且基地台四处林立、高压电线及电箱也随处可见，辐射早已不知不觉地存在生活周边，就像使用微波炉也是其一，就借由食补来减少辐射的吸收。

饮食要点

1. 维生素 A、茄红素有助于抗辐射，可多摄取绿茶、胡萝卜、油菜、西红柿、西瓜等食物。

2. 微量元素也能提高人体对抗辐射的能力，B 族维生素及维生素 C 重点则在补充体内营养，建议多吃芦笋、柳橙、海带、黑芝麻等蔬果。

3. 胡萝卜、菠菜、油菜等蔬果，因富含叶黄素，有助于计算机族护眼。

>> 西瓜豆浆

 红西瓜 200g、黄豆 50g、蜂蜜 5g

★ 做法

1. 红西瓜洗净后，取 1/6 颗去籽后，切成小块。

2. 黄豆洗净后，用清水浸泡 4 ~ 8 小时，再洗净。

3. 将黄豆、西瓜倒入豆浆机，加水至上下水位线之间，选好功能，按下启动键，启动即可。

4. 等放凉后，加入适量蜂蜜饮用，也可以不加。

> **功效解析：** 西瓜的茄红素可以对抗电磁波辐射，还有助于排水利尿。
>
> **特别提醒：** 小玉西瓜的茄红素较少，不建议使用，若购买超市的盒装西瓜则一盒即可。

>> 红薯紫芋豆浆 抑制辐射 助排毒

 食材　红心红薯 250g、紫芋头 150g
黄豆 100g、蜂蜜 5g

★做法

1. 红薯、芋头洗净后削皮，各取 1/2 颗，切成小块。

2. 黄豆洗净后，用清水浸泡 4～8 小时，再洗净。

3. 将红薯、芋头及黄豆倒入豆浆机，加水至上下水位线之间，选好功能，按下启动键，开始制作即可。

4. 等放凉后，加入适量蜂蜜，增添滑润的口感。

> 功效解析：红心红薯及紫芋头皆具抗辐射之效，其所含的多酚及多糖体含量高可抗氧化，抵御电磁波辐射。
>
> 特别提醒：若对芋头过敏者，可全部改成红心红薯，同样具有抗辐射的功效。

>> 绿豆海带豆浆 预防辐射引发的免疫功能伤害

 食材　海带丝、绿豆各 30g，黄豆 50g

★做法

1. 海带洗净后对切，切成小块。

2. 黄豆、绿豆洗净后，用清水浸泡 4～8 小时，再洗净。

3. 将所有食材倒入豆浆机中，加水至上下水位线之间，选好功能，按下启动键，开始制作即可。

> 功效解析：海带不但能抗辐射，其所含的海带多糖还有助于抑制体内细胞凋亡，对于辐射引发的免疫功能伤害，具有保护作用。
>
> 特别提醒：海带本身多有咸味，若觉得口感不佳，可多冲洗几遍。

甘蓝卷心菜豆浆 <<

 食材　甘蓝、卷心菜各 150g
黄豆 50g、蜂蜜 5g

★做法

1. 甘蓝、卷心菜洗净后去蒂，切成小块。

2. 黄豆洗净后，用清水浸泡 4 ~ 8 小时，再洗净。

3. 将甘蓝、卷心菜及黄豆倒入豆浆机，加水至上下水位线之间，选好功能，按下启动键，开始制作即可。

4. 饮用前加入适量蜂蜜，也可以不加。

功效解析：十字花科蔬菜（甘蓝、卷心菜、花椰菜等）内的"3,3-二吲哚基甲烷"（或称"DIM"），可以保护正常组织不受癌症放射疗的辐射线伤害。也可减缓暴露于核灾辐射线引起的病症。

特别提醒：也可以一天喝卷心菜豆浆、一天喝甘蓝豆浆，轮流饮用。

>> 绿茶豆浆

食材　绿茶叶 25g、黄豆 100g、蜂蜜 5g

★做法

1. 绿茶叶以热开水冲泡，等到呈现浓茶色，取适量的茶汤备用。

2. 黄豆洗净后，用清水浸泡 4 ~ 8 小时，再洗净。

3. 将黄豆倒入豆浆机，加入绿茶水至上下水位线之间，选好功能，按下启动键，开始制作即可。

4. 等放凉后，加入适量蜂蜜饮用，也可以不加。

功效解析：绿茶除了儿茶素、维生素A，更富含抗辐射物质，多喝绿茶对身体健康有益。

特别提醒：也可以使用绿茶粉冲泡，但不建议用市售绿茶饮料取代。

>> 黑芝麻菠菜精力汤

食材 黑芝麻30g、菠菜40g

做法　1. 黑芝麻用清水稍微冲洗后，沥干即可。

2. 菠菜清洗后去除根部，切成小段。

3. 将所有食材放入豆浆机，加水至上下水位线之间，选好功能，按下启动键，开始制作即可。

功效解析：黑芝麻的微量元素有助于增强体内细胞的免疫力，因此可有效抵抗辐射伤害。

特别提醒：含叶黄素的菠菜，帮助计算机族护眼，也可改成胡萝卜。

油菜芦笋柳橙汁 <<

食材 油菜40g、芦笋170g、柳橙200g、蜂蜜5g

做法　1. 油菜、芦笋洗净后去根部，切成小段。

2. 柳橙洗净后对半切成4等份，去皮去籽，保留果肉。

3. 将所有食材倒入豆浆机中，加水至上下水位线之间，选好功能，按下启动键，开始制作即可。

功效解析：油菜、芦笋及柳橙含有大量维生素C，可增强免疫力，预防电磁波的辐射干扰人体。

特别提醒：柳橙可以替换成同样富含维生素C的橘子。

抗过敏 调整体质，敏感喷嚏不再来！

过敏的引发有各种可能，例如季节交替、食物引起，或是因生病期间，身体自我保护机制开始制作时，也容易过敏。无论过敏发作原因是什么，若要改善，都必须从体内调整做起，让食补饮品成为改善过敏的助力。

饮食要点

1. 对抗过敏，最需要补充大量维生素 C，如百香果、葡萄柚、菠萝、柠檬、芦荟等蔬果。
2. 蜂蜜不仅能促进肠胃蠕动，也是对抗过敏发作的天然食补之一。
3. 微量元素、胡萝卜素、B 族维生素及维生素 E 等，可预防过敏发作，多吃五谷类及枣类都有帮助。

>> 百香果菠萝豆浆

 百香果、菠萝各 150g
番石榴 100g、黄豆 50g、蜂蜜 5g

★做法

1. 百香果洗净后对切，挖出果肉备用。
2. 菠萝洗净后削皮，取 1/3 个，切成小块。
3. 番石榴洗净后去蒂，取 1/2 个去籽，切成小块。
4. 黄豆洗净后，用清水浸泡 4 ~ 8 小时，再洗净。
5. 将百香果、菠萝、番石榴及黄豆倒入豆浆机中，加水至上下水位线之间，选好功能，按下启动键，开始制作即可。
6. 等放凉后，加入适量蜂蜜，可增添滑顺口感及甜度。

功效解析：含有大量维生素C的菠萝及番石榴，再加上百香果富含的生物类黄酮等，对于改善皮肤及鼻子因季节性引发的过敏很有帮助。

特别提醒：若因季节关系找不到部分水果，可改成同样富含大量维生素C的水果，如苹果、木瓜、樱桃等。

解毒消肿
预防过敏

蜂蜜油菜汁 <<

食材　油菜 60g、蜂蜜 6g

★ 做法

1. 油菜洗净后去根部，切成小段。

2. 将所有食材倒入豆浆机中，加水至上下水位线之间，选好功能，按下启动键，开始制作即可。

> 功效解析：油菜富含大量维生素C，可以促进体内循环，也有排毒、消肿、抗过敏的功效。
>
> 特别提醒：对油菜过敏的人不宜食用。

>> 红枣黑糖豆浆

食材　红枣 30g、黄豆 100g、黑糖 5g

★ 做法

1. 红枣干洗净后去籽，用温水浸泡至微软，再切成小块。

2. 黄豆洗净后，用清水浸泡4～8小时，再洗净。

3. 将全部食材倒入豆浆机，加水至上下水位线之间，选好功能，按下启动键，开始制作即可。

> 功效解析：红枣含有大量的抗过敏物质——环磷酸腺苷，可预防过敏发作，单吃红枣也有帮助。
>
> 特别提醒：黑糖含有大量的铁质（微量元素），对于不能吃蜂蜜者可考虑以黑糖取代。

预防过敏发作

>> 葡萄柚蜂蜜豆浆

 食材　葡萄柚 150g、黄豆 100g、蜂蜜 5g

★做法

1. 葡萄柚洗净后对半切，取一半挖出果肉备用。

2. 黄豆洗净后，用清水浸泡 4～8 小时，再洗净。

3. 将葡萄柚果肉、黄豆倒入豆浆机，加水至上下水位线之间，选好功能，按下启动键，开始制作即可。

4. 等放凉后，加入适量蜂蜜调味，也可以不加。

功效解析：葡萄柚含大量维生素C，有助于预防过敏，若是慢性过敏患者已在服药，建议改成其他水果，如苹果等。

特别提醒：如果已经过敏且在吃药者，不宜饮用。

>> 芹菜绿豆豆浆

 食材　绿豆、黄豆各 50g，芹菜 60g，蜂蜜 5g

★做法

1. 芹菜洗净后去根部，切成小段。

2. 绿豆、黄豆洗净后，用清水浸泡 4～8 小时，再洗净。

3. 将芹菜、绿豆及黄豆倒入豆浆机，加水至上下水位线之间，选好功能，按下启动键，开始制作即可。

4. 等放凉后，加入适量蜂蜜调味，也可以不加。

功效解析：芹菜及绿豆所含的大量B族维生素、维生素C及微量元素等，对于预防湿疹或接触性的皮肤发炎都有帮助。

特别提醒：芹菜清洗后，可用清水浸泡30～60分钟，以便除去农药残留物。

>> 胡萝卜燕麦精力汤

食材 胡萝卜150g、燕麦30g

做法
1. 燕麦可采用即食燕麦片，若使用天然燕麦颗粒，需用清水浸泡约5～8小时，将外壳及杂质都除去后再使用。
2. 胡萝卜去头尾后，削皮洗净，切成小块。
3. 将所有的食材放入豆浆机，加水至最高水位线，选好功能，按下启动键，开始制作即可。

> **功效解析：** 胡萝卜所含的β－胡萝卜素，可以预防花粉症及过敏性皮肤炎。
>
> **特别提醒：** 燕麦所含的微量元素也有助于预防过敏，也可用红薏仁代替，效果也相当好。

芦荟柠檬汁 <<

食材 芦荟50g、柠檬80g、蜂蜜5g

做法
1. 芦荟洗净后削皮，切成小块。
2. 柠檬洗净后削皮去籽，切成小块。
3. 将所有食材倒入豆浆机，加水至上下水位线之间，选好功能，按下启动键，开始制作即可。

> **功效解析：** 芦荟的功效非常多，对于预防过敏及体内发炎等症状也相当有效。
>
> **特别提醒：** 在芦荟汁中加点蜂蜜，可以缓和芦荟的寒性。

保护眼睛 明亮双眸，神采奕奕！

眼睛是灵魂之窗，若是没有细心呵护，就会造成视力衰退及眼压变化，甚至眼部黄斑病变等问题。预防重于治疗，食补重在预防而非治疗，就用一杯健康饮品开始保护眼睛。

饮食要点

1. 保护眼睛所需的营养，少不了维生素 A、叶黄素、天然胡萝卜素等，可多吃花椰菜、胡萝卜、奇异果等蔬果。
2. 铁、钙、钾、锌等微量元素、膳食纤维同样不可或缺，建议多摄取柳橙、葡萄、红甜菜等蔬果。
3. 柠檬酸、山楂酸也是人体所需的养分，能促进血液循环、提神醒脑等，如枸杞、山楂等，搭配其他蔬果更相得益彰。

>> 山楂葡萄汁 预防白内障

 山楂片 15g、紫葡萄 120g、蜂蜜 5g

★ 做法

1. 葡萄洗净；山楂片洗净后，用清水浸泡至微软即可。
2. 将山楂、葡萄倒入豆浆机，加水至上下水位线之间，选好功能，按下启动键，开始制作即可。
3. 饮用前加入适量蜂蜜，也可以不加。

> 功效解析：葡萄籽含有大量的原花青素，可预防视网膜炎、白内障的发生。
>
> 特别提醒：如果能买到新鲜山楂，可选用大约 3~4 颗，清洗后去籽即可使用。

玉米红薯豆浆 <<

 食材 红薯 150g、新鲜玉米 120g
黄豆 100g、蜂蜜 5g

★ 做法

1. 红薯洗净后削皮，取 1/2 条切成小块。

2. 玉米洗净后，用刀子刮下所有玉米粒。

3. 黄豆洗净后，用清水浸泡 4 ~ 8 小时，再洗净。

4. 将所有食材倒入豆浆机，加水至上下水位线之间，选好功能，按下启动键，开始制作即可。

功效解析：玉米含有玉米黄素，能挡掉伤害眼睛的蓝光，维持视力清晰及灵敏。另外，还可预防白内障的发生。

特别提醒：红薯食用后容易刺激胃酸分泌，引发腹胀，因此有胃酸过多者应谨慎食用。

>> 甜菜根豆浆

 食材 甜菜根 30g、黄豆 50g、蜂蜜 5g

★ 做法

1. 甜菜根清洗后，切成小块。

2. 黄豆洗净后，用清水浸泡 4 ~ 8 小时，再洗净。

3. 将甜菜根、黄豆倒入豆浆机中，加水至上下水位线之间，选好功能，按下启动键，开始制作即可。

4. 等放凉后，加入适量蜂蜜调味，增添口感。

功效解析：多吃甜根菜可让双眼泪液分泌正常，预防干眼症的发生。

特别提醒：甜菜根清洗后，建议浸泡30 ~ 60分钟，可预防农药残留。

>> 菊花豆浆 明目又清肝

 食材　干菊花 30g、黄豆 100g、蜂蜜 5g

★ 做法

1. 菊花洗净。

2. 黄豆洗净后，用清水浸泡 4 ~ 8 小时，再洗净。

3. 将菊花、黄豆倒入豆浆机，加水至上下水位线之间，选好功能，按下启动键，开始制作即可。

4. 等放凉后，加入适量蜂蜜，增添口感。

功效解析：中医强调菊花可以让眼部保持湿润，素有明目清肝的效果。

特别提醒：市售菊花都是干燥品，使用前务必清洗，若是新鲜菊花瓣要预防农药，清洗后必须再浸泡约 30 ~ 60 分钟为宜。

>> 胡萝卜枸杞豆浆 减缓视力模糊

 食材　胡萝卜 100g、枸杞 30g
黄豆 50g、蜂蜜 5g

★ 做法

1. 胡萝卜去头尾、削皮、洗净后，取 1/2 条，切成小块。

2. 枸杞洗净，沥干备用。

3. 黄豆洗净后，用清水浸泡 4 ~ 8 小时，再洗净。

4. 将胡萝卜、枸杞及黄豆倒入豆浆机，加水至上下水位线之间，选好功能，按下启动键，开始制作即可。

5. 等放凉后，加入适量蜂蜜，增添口感。

功效解析：枸杞含有B族维生素₁、维生素B₂、维生素C、氨基酸、烟碱酸、胡萝卜素、亚油酸、微量元素等，不仅护眼更能润肺。

特别提醒：胡萝卜有助于减缓视力模糊，预防眼部疲劳，若胡萝卜较小条，建议全部使用。

>> 芹菜茄子精力汤 预防白内障和黄斑部的退化

食材 芹菜 50g、茄子 80g

做法
1. 芹菜洗净后，切成小块。
2. 茄子去头尾后，削皮洗净，切成小块。
3. 将所有的蔬果放入豆浆机，加水至最高水位线，选好功能，按下启动键，开始制作即可。

功效解析：茄子不仅护眼，也含有能保护心血管的维生素E、生物类黄酮。

特别提醒：不敢吃茄子，可改成花椰菜或胡萝卜，也有类似的功效。

预防紫外线伤害双眼 奇异果柳橙花椰菜汁 <<

食材 奇异果 30g、柳橙 60g
绿花椰菜 50g、蜂蜜 5g

做法
1. 奇异果洗净后，挖出果肉，切成小块。
2. 柳橙洗净后剥皮，取 1/2 个去籽，切成小块。
3. 花椰菜洗净后，切成小块。
4. 将所有蔬果倒入豆浆机中，加水至上下水位线之间，选好功能，按下启动键，开始制作即可。
5. 等放凉后，加入蜂蜜可提升口感，若水果的甜味已足够，建议不用再加蜂蜜。

功效解析：花椰菜的功效甚多，其抗氧化剂可预防失明，避免眼部受到紫外线的伤害，搭配含维生素的水果能帮助养分吸收。

特别提醒：花椰菜有两种，白色及绿色，建议多吃绿色花椰菜，对于眼部保护的功效更显著。

缓解疲劳 提升活力，元气满满！

疲劳并非多睡觉就能解决，若长期置之不理，很可能会引起免疫力低下、感冒不断、心情沮丧、精神萎靡，甚至入睡后较难清醒等问题。除了调整生活作息及处事方法外，食补也是重要的助力之一，从内在调理，彻底改善。

饮食要点

1. 维生素 A、维生素 C、微量元素，可以协助放松情绪，减缓疲惫感，建议多吃芒果、菠萝、草莓、柑橘等水果。
2. 多摄取纤维素、蛋白质，能调整体内平衡并补充营养，可多吃白菜、青椒、菠菜、鸡蛋等。
3. 咖啡、茶、糙米等食物所含的 B 族维生素、咖啡因、叶酸，对于减缓疲劳、维持神经系统稳定最有帮助。

>> 咖啡豆浆

 咖啡粉 25g、黄豆 100g、蜂蜜 5g

★ 做法

1. 黄豆洗净后，用清水浸泡 4～8 小时，再洗净。
2. 将黄豆倒入豆浆机中，加水至上下水位线之间，选好功能，按下启动键，开始制作即可。
3. 趁热加入咖啡粉，等放凉后加适量蜂蜜调味，增添口感。

功效解析：咖啡粉含有咖啡因，不但具有提神及消除疲劳的功效，还能促进消化及加速新陈代谢。

特别提醒：喝咖啡会心悸者，不妨改喝双茶豆浆，抗疲劳效果也很好。

>> 芒果菠萝牛奶

 芒果 100g、菠萝 50g
鲜奶适量、蜂蜜 5g

★做法

1. 芒果洗净后削皮去果核，切成小块。

2. 菠萝洗净后削皮去头尾，取 1/4 个，切成小块。

3. 将所有食材倒入豆浆机，加鲜奶至上下水位线之间，选好功能，按下启动键，开始制作即可。

功效解析：芒果及菠萝含有维生素A、维生素C、叶酸、钙、磷、铁、钾、镁等微量元素，对于提神及减缓疲劳颇有功效。

特别提醒：对于芒果过敏者，可以仅使用菠萝，因为菠萝的营养也足够抵抗疲劳感。

>> 草莓柑橘汁

草莓柑橘汁 改善慢性疲劳症候群

 草莓 65g、柑橘 70g、蜂蜜 5g

★做法

1. 草莓洗净后去蒂，切成小块。

2. 柑橘洗净后剥皮，取 1/2 的果肉，去除果核。

3. 将所有食材倒入豆浆机，加水至上下水位线之间，选好功能，按下启动键，开始制作即可。

功效解析：草莓及柑橘含有大量维生素C，对于慢性疲劳相当有帮助，也可减缓因疲劳引发的头疼等症状。

特别提醒：为了避免农药残留，草莓清洗后，请再浸泡15～30分钟。

三豆豆浆 <<

 增强体力
赶走眼睛疲劳

食材 黑豆、黄豆各 30g
绿豆、红豆各 10g，蜂蜜 5g

★做法

1. 所有豆类洗净后，用清水浸泡 4 ~ 8 小时，再洗净。

2. 将全部豆类倒入豆浆机中，加水至上下水位线之间，选好功能，按下启动键，开始制作即可。

3. 等放凉后，加入适量蜂蜜调味，增添口感。

> 功效解析：黑豆能滋补强身，减缓因眼睛不适所引起的头疼；红豆养心，能缓解心脏疲劳；绿豆能清热解毒。
>
> 特别提醒：肾脏病患者不宜常喝，以免增加肾脏负担。

>> 双茶豆浆

食材 红茶叶、绿茶叶各 25g
黄豆 50g、蜂蜜 5g

★做法

1. 红茶及绿茶一起用热开水冲泡，等呈现浓茶色时，取适量茶汤备用。

2. 黄豆洗净后，用清水浸泡 4 ~ 8 小时，再洗净。

3. 将黄豆倒入豆浆机中，加入茶汤至上下水位线之间，选好功能，按下启动键，开始制作即可。

4. 等放凉后，加入适量蜂蜜调味，也可以不加。

> 功效解析：茶叶所含的儿茶素，有助于脂肪代谢，可减缓肝糖消耗及疲劳感产生。
>
> 特别提醒：绿茶也有市售绿茶粉，若采用绿茶粉，同样需先与温开水充分混合再打汁。

解缓运动疲

>> 双菜青椒精力汤

食材 白菜、菠菜各50g，青椒30g

做法
1. 白菜洗净后去蒂，取1/3棵，再切成小块。
2. 菠菜洗净后，切成小段。
3. 青椒洗净后，对半切，取出一半挑出菜籽后，再切成小块。
4. 将所有食材放入豆浆机，加水至最高水位线，选好功能，按下启动键，开始制作即可。

功效解析： 青椒可减缓眼睛疲劳、预防目眩；白菜及菠菜可减缓因压力过大引发的疲倦感及头晕想吐的症状。

特别提醒： 若欲减缓因舟车劳顿的疲惫感，此道精力汤可恢复体力，但若已经有恶吐情形，请待不适减轻后再饮用。

蛋黄糙米咸豆浆 <<

食材 蛋黄1个，糙米、黄豆各50g，食盐适量

做法
1. 将鸡蛋打入碗中，取出蛋黄备用。
2. 糙米淘洗干净，用清水浸泡2小时。
3. 黄豆洗净后，用清水浸泡4～8小时，再洗净。
4. 将黄豆、糙米倒入豆浆机中，加水至上下水位线之间，选好功能，按下启动键，开始制作即可。
5. 将做好的豆浆倒入蛋黄，快速打散，加入少许食盐即可饮用。

功效解析： 蛋黄所含的维生素E及卵磷脂可减缓体虚；糙米所含的B族维生素，可以减缓疲劳。

特别提醒： 市售糙米有些已标识无须浸泡，若采用此类糙米则洗净后即可使用。

预防便秘 通便不卡肠，天天好顺畅！

便秘是许多人不能说的秘密，便秘不仅会使肌肤容易长痘生疮，严重者甚至会造成肠胃疾病。一般成药治标不治本，改善饮食习惯及调整生活作息，才是解决之道，利用简单的食补饮品，重拾顺畅人生。

饮食要点

1. 预防便秘首先要补充纤维素，帮助肠胃蠕动，豆浆就富含最佳的膳食纤维，想解决便秘的烦恼，不妨多喝豆浆。

2. 维生素 A、B 族维生素、维生素 C、维生素 D 等，可以调节体内平衡，让身体所需的养分不中断，排便自然顺畅。

3. 铁、钙、钾等微量元素，能补充活力，帮助肠道蠕动，可多吃香蕉、芹菜、黑枣等蔬果。

>> 紫薯燕麦豆浆

 燕麦 30g、紫薯 150g
黄豆 50g、蜂蜜 5g

★做法

1. 紫薯洗净后削皮，切成小块。

2. 燕麦片洗净后，沥干水分备用，如果购买即冲即食的产品，则不需要清洗。

3. 黄豆洗净后，用清水浸泡 4 ~ 8 小时，再洗净。

4. 将燕麦、紫薯及黄豆倒入豆浆机中，加水至上下水位线之间，选好功能，按下启动键，开始制作即可。

5. 饮用前加入适量的蜂蜜，提升口感。

功效解析：紫薯、燕麦、豆浆的组合，不仅可预防便秘，还可以排毒，已有便秘问题者也适合饮用，有助于改善症状。

特别提醒：对麸质食物较为敏感者，不宜食用燕麦。

荷叶枸杞豆浆 <<

 干荷叶 10g、枸杞 8 颗
黄豆 50g、蜂蜜 5g

★做法

1. 荷叶洗净后，切成小块；枸杞洗净后备用。

2. 黄豆洗净后，用清水浸泡 4 ~ 8 小时，再洗净。

3. 将荷叶、枸杞及黄豆倒入豆浆机中，加水至上下水位线之间，选好功能，按下启动键，开始制作即可。

4. 等放凉后，加入适量蜂蜜饮用，可增添口感。

功效解析：有便秘之苦者，几乎是喝上 2 ~ 3 天就见效，如果便秘不太严重者，一天即有效，所以建议早上饮用。

特别提醒：干荷叶可在中药店或大型超市购买，如能买到新鲜荷叶更好，大约使用一片即可。

>> 核桃蜂蜜豆浆

 核桃 30g、黄豆 50g、蜂蜜 5g

★做法

1. 核桃切碎；黄豆用清水浸泡 4 ~ 8 小时，洗净。

2. 将黄豆、核桃倒入豆浆机，加水至上下水位线之间，选好功能，按下启动键，开始制作即可。

3. 等放凉后，加入适量蜂蜜饮用，增添口感。

功效解析：核桃及蜂蜜都能增添体内所需的养分，能提振精神，还有助于排毒、降低肠胃不适所引起的胀气。

特别提醒：若直接使用市售包装的核桃，请于使用前清洗，以去除不必要的调味。

>> 芹菜菠萝汁 促进肠道蠕动

 食材 芹菜 30g、菠萝 150g、蜂蜜 5g

★做法

1. 芹菜洗净后，除去根部，再切成小段。

2. 菠萝洗净后去头尾、削皮，取 1/4 个，再切成小块。

3. 将芹菜、菠萝倒入豆浆机，加水至上下水位线之间，选好功能，按下启动键，开始制作即可。

4. 饮用前加入一点点蜂蜜，也可以不加。

功效解析：芹菜的纤维素及菠萝的酵素，有助于促进肠胃蠕动，对预防便秘非常有效。

特别提醒：如果担心农药残留，芹菜清洗后，建议再用清水浸泡30分钟。

>> 三菜精力汤 清肠排毒 保健康

 食材 白色及绿色花椰菜各 20g、菠菜 50g

★做法

1. 花椰菜洗净后，切成小块。

2. 菠菜洗净后去除根部，切成小段。

3. 将所有食材都倒入豆浆机，加水至上下水位线之间，选好功能，按下启动键，开始制作即可。

功效解析：花椰菜及菠菜富含大量的纤维素及铁等微量元素，有助于清肠道、补充营养。

特别提醒：花椰菜有排毒的功效，非常适合长期便秘、体内积满毒素者。

>> 黑枣干芒果豆浆 给你好肠道

食材 黑枣干果肉 50g、芒果 100g、黄豆 50g、蜂蜜 3g

做法
1. 芒果清洗后削皮去核，取 1/2 颗后切成小块。
2. 黑枣干洗净后去核，用清水浸泡至微软，切成小块。
3. 黄豆洗净后，用清水浸泡 4~8 小时，再洗净。
4. 将黑枣干、芒果、黄豆倒入豆浆机中，加水至上下水位线之间，选好功能，按下启动键，开始制作即可。
5. 等放凉后，加入适量蜂蜜饮用，增添口感。

功效解析：丰富的维生素C及维生素D、红维素等，可以促进肠道蠕动，预防骨质疏松。

特别提醒：黑枣干，各大超市均有销售。

顺畅清爽无负担 # 绿豆香蕉酸奶 <<

食材 绿豆 30g、香蕉 200g、酸奶 200ml、鲜奶适量

做法
1. 香蕉去皮，切成小块。
2. 绿豆洗净后，用清水浸泡 4~8 小时，再洗净。
3. 将香蕉、绿豆、酸奶、鲜奶放入豆浆机，确认水位至少达到最低水位线，选好功能，按下启动键，开始制作即可。

功效解析：绿豆、香蕉及酸奶，能帮助肠道顺畅，促进排便，建议每天早上饮用。

特别提醒：无糖酸奶的热量较低，若不习惯无糖，也可以使用含糖酸奶，但请以原味为主。

增强免疫力 打造不生病的好体质！

　　过敏、感冒、肠胃不适等症状，都可以因为免疫力提升，而有所改善。因此，食补一定要以最天然的蔬果为主，减少化学物质、人工添加物等，再搭配固定运动，才能真正达成提升免疫力的效果。

饮食要点

1. 提升免疫力可多吃苹果、葡萄柚、奇异果等富含维生素 A、B 族维生素、维生素 C 的蔬果。
2. 纤维素、膳食纤维可以促进体内循环，达到自我排毒的功效，建议多摄取白菜、红薯、洋葱等蔬果。
3. 补充铁、钾、锌、茄红素等营养素，可以多吃樱桃、西红柿、木瓜等，以增强身体抵抗力。

>> 糙米奇异果豆浆

 奇异果 150g、糙米 20g、黄豆 50g

★ 做法
1. 奇异果对切，将果肉挖出后，切成小块。
2. 糙米淘洗干净，用清水浸泡 2 小时。
3. 黄豆洗净后，用清水浸泡 4 ~ 8 小时，再洗净。
4. 将所有食材倒入豆浆机中，加水至上下水位线之间，选好功能，按下启动键，开始制作即可。

> 功效解析：奇异果营养密度高，其丰富的维生素E，可以活化免疫系统；糙米则能增强抵抗力，促进免疫系统抵御细菌和病毒的能力。
>
> 特别提醒：早上饮用最适合，身体不适或重病者（除非医嘱不同意），也非常适合。

葡萄柚木瓜汁 <<

 食材 葡萄柚 150g、木瓜 200g、蜂蜜 5g

★做法

1. 葡萄柚洗净后，对半切去籽，挖出果肉备用。

2. 木瓜洗净后削皮，对半切去籽，取出果肉切成小块。

3. 将葡萄柚、木瓜果肉倒入豆浆机中，加水至上下水位线之间，选好功能，按下启动键，开始制作即可。

4. 等放凉后，依个人喜好加入适量蜂蜜，口感更加香甜滑顺。

功效解析：丰富的维生素C，可增强抵抗力，帮助养分吸收，进而提升自我免疫力。

特别提醒：葡萄柚容易与部分药物产生交互作用，可能增加药物毒性或副作用，饮用此果汁前，请询问医师或药师，以确保健康。

>> 甜椒苹果汁

 食材 甜椒 50g、苹果 150g、蜂蜜 5g

★做法

1. 甜椒洗净后去蒂，对半切后去籽，再切成小块。

2. 苹果洗净后削皮去蒂，取 1/2 个后去籽，再切成小块。

3. 将所有食材倒入豆浆机，加水至上下水位线之间，选好功能，按下启动键，开始制作即可。

4. 依个人喜好加入一点蜂蜜，口感会更加香甜滑顺。

功效解析：维生素C、纤维素都有助于营养吸收，提升自我免疫力，又能促进消化。

特别提醒：蜂蜜也是提高免疫力的作用之一，不可更换为白糖或代糖。

>> 桂圆红薯豆浆 重启身体循环机制

 食材　桂圆、黄豆各 50g
红薯 150g、蜂蜜 5g

★ 做法

1. 桂圆剥壳后洗净，除去果核，留下果肉备用。

2. 红薯洗净削皮后对半切，切成小块。

3. 黄豆洗净后，用清水浸泡 4～8 小时，再洗净。

4. 将桂圆、红薯、黄豆倒入豆浆机，加水至上下水位线之间，选好功能，按下启动键，开始制作即可。

5. 等放凉后，依个人喜好加入适量蜂蜜，口感更加香甜滑顺。

功效解析：免疫力提升，必须兼顾各类食材，桂圆可以促进循环，红薯是体内排毒圣品。

特别提醒：桂圆容易上火，所以最多放到10颗，不宜过量。

>> 小西红柿豆浆 快速提升免疫力

 食材　小西红柿 300g、黄豆 100g

★ 做法

1. 黄豆洗净后，用清水浸泡 4～8 小时，再洗净。

2. 小西红柿洗净后去蒂，对半切。

3. 将黄豆及小西红柿倒入豆浆机，加水至上下水位线之间，选好功能，按下启动键，开始制作即可。

功效解析：深红色小西红柿含有更丰富的茄红素，大量的维生素C及氨基酸都是对健康有帮助的养分。

特别提醒：深红色小西红柿的营养价值更高，可在短时间提高营养素的补充，所以不建议更换成大西红柿。

>> 番石榴蜂蜜豆浆 增加自我抵抗力

 食材 番石榴 75g、黄豆 50g、蜂蜜 5g

做法 1. 番石榴洗净去除蒂头后对半切，再切成 5 ~ 6 小块。

2. 黄豆洗净后，用清水浸泡 4 ~ 8 小时，再洗净。

3. 将黄豆、番石榴倒入豆浆机，加水至上下水位线之间，选好功能，按下启动键，开始制作即可。

4. 等放凉后，依个人喜好加入适量蜂蜜，口感更加香甜滑顺。

> **功效解析：** 丰富的维生素、氨基酸、纤维素等，能补充身体所需的营养，逐渐提高自身免疫力。
>
> **特别提醒：** 蜂蜜有助于增强抵抗力，如果担心太甜，可以再减少一些，但不建议拿掉。

大蒜洋葱白菜精力汤 << 充满精力 提升元神

 食材 大蒜 30g、洋葱 100g、白菜 150g

做法 1. 大蒜去头尾后，剥皮洗净，将蒜瓣拨下来备用。

2. 洋葱去头尾后，剥皮洗净，切成小块。

3. 白菜洗干净后，切成小块。

4. 将所有的蔬果放入豆浆机，加水至最高水位线，选好功能，按下启动键，开始制作即可。

> **功效解析：** 大蒜含硫化合物，可以辅助肠道产生一种酶（蒜臭素），增强身体免疫力。
>
> **特别提醒：** 大蒜的蒜瓣有大有小，为了促进免疫力，就算是担心口气不好，也尽量使用3~4瓣为宜。

改善失眠 养心安神，一觉到天亮！

容易失眠者，通常属于多思多虑的性格，优点是谨慎稳重，但是内在容易焦虑，更不愿意向外求援。因此食补最适合失眠、易焦虑、容易反复多思的人，让天然的营养素帮助你养心安神，赶走失眠。

饮食要点

1. 富含维生素 C 的蔬果是各类食补的重点，因为它可以提振精神及活力、辅助养分吸收，不妨多摄取金橘、西红柿等。
2. 微量元素及氨基酸，有助于养心安神，许多谷类都富含这类养分，如花生、莲子、核桃等。
3. B 族维生素、维生素 E 也是安定神经的重要元素，此类营养素建议早餐时就摄取，可以增加活力、稳定情绪，如小米、薏仁等。

>> 薏仁小米豆浆

 薏仁、小米各 20g
黄豆 60g、蜂蜜 5g

★ 做法

1. 薏仁、小米淘洗干净，用清水浸泡约 2 小时。
2. 黄豆洗净后，用清水浸泡 4～8 小时，再洗净。
3. 将薏仁、小米及黄豆放入豆浆机中，加水至上下水位线之间，选好功能，按下启动键，开始制作即可。
4. 等放凉，依个人喜好加入适量蜂蜜，口感更加香甜滑顺。

功效解析：薏仁及小米富含B族维生素及维生素E、氨基酸、铁等微量元素，能帮助睡眠。

特别提醒：薏仁及小米都需要浸泡，较容易打成汁，但是若直接制作也可以，只是饮用前须先用纱布或筛网过滤杂质。

葵花子牛奶豆浆 <<

 食材 葵花子20g、鲜奶300ml
黄豆50g、蜂蜜5g

★做法

1. 葵花子去壳后，用刀背压碎备用。

2. 黄豆洗净后，用清水浸泡4～8小时，再洗净。

3. 将黄豆、葵花子倒入豆浆机，加水至上下水位线之间，选好功能，按下启动键，开始制作即可。

4. 等放凉，加入鲜奶及蜂蜜，口感更加香甜滑顺。

功效解析：含有丰富的蛋白质、氨基酸、微量元素等，有助于安定心神。

特别提醒：若有乳糖不耐症者，或喝牛奶有时会轻微腹泻，可将牛奶改成酸奶或不加牛奶。

>> 蜂蜜莲子黑枣豆浆

 食材 莲子、黑枣干各20g
黄豆60g、蜂蜜5g

★做法

1. 莲子洗净后，先用热水煮10～20分钟略为软化即可。

2. 黑枣干去核，留下果肉备用。

3. 黄豆洗净后，用清水浸泡4～8小时，再洗净。

4. 将黄豆、黑枣干果肉及莲子倒入豆浆机，加水至上下水位线之间，选好功能，按下启动键，开始制作即可。

5. 等放凉，依个人喜好加入适量蜂蜜，口感更加香甜滑顺。

功效解析：安神助眠需补充大量微量元素及氨基酸，莲子及蜂蜜的养分都有此功效。

特别提醒：市售黑枣干若非原味，不妨用热水浸泡20分钟，以去除调味。

>> 黑糖花生豆浆

 食材 花生仁 30g、黄豆 70g、黑糖 8g

★ 做法

1. 花生仁用刀背压碎备用。

2. 黄豆洗净后，用清水浸泡 4 ~ 8 小时，再洗净。

3. 将全数食材、黑糖倒入豆浆机，加水至上下水位线之间，选好功能，按下启动键，开始制作即可。

功效解析：花生含有蛋白质、脂肪及氨基酸，对于心、肺等脏器都有食补的功效。

特别提醒：市售黑糖有粉状及块状两种，如果使用黑糖块，建议先压碎才较容易融入豆浆中。或待豆浆制成后再加入黑糖块充分搅拌。

>> 燕麦南瓜子豆浆

 食材 燕麦、南瓜子各 30g
黄豆 50g、蜂蜜 5g

★ 做法

1. 燕麦片若为即冲即食的产品则无须泡水。

2. 南瓜子去壳后，用刀背压碎备用。

3. 黄豆洗净后，用清水浸泡 4 ~ 8 小时，再洗净。

4. 将燕麦、南瓜子及黄豆倒入豆浆机，加水至上下水位线之间，选好功能，按下启动键，开始制作即可。

5. 等放凉，依个人喜好加入适量蜂蜜，口感更加香甜滑顺。

功效解析：谷类可以补充微量元素，增加活力，情绪稳定自然较易入眠。

特别提醒：南瓜子及燕麦片建议选择无添加调味的产品，若较难找，请在制作前用筛网或纱布过滤一下，尽量让调味料减至最少分量。

>> 金橘青江菜核桃精力汤 安神暖心肺

 食材 青江菜 400g（约 4 ~ 5 根）
小金橘约 30g、核桃 30g

做法　1. 小金橘洗净后，削皮对半切去籽备用。

2. 青江菜去根部洗干净后，切成小块。

3. 核桃用刀背压碎备用。

4. 将所有食材放入豆浆机，加水至最高水位线，选好功能，按下启动键，开始制作即可。

> **功效解析：** 维生素A及维生素C、纤维素、微量元素等，可补充体内养分，睡前饮用也无负担。
>
> **特别提醒：** 请选用无盐核桃仁，若是市售包多半已添加调味料，请用水冲洗擦干，待全干后再压碎为宜。

养气补神 润心肺 西红柿橘子汁 <<

 食材 西红柿、橘子各 75g，蜂蜜 5g

做法　1. 西红柿洗净去蒂后对切，切成小块。

2. 橘子洗净后剥皮，将橘瓣去籽，再切成小块。

3. 将所有食材倒入豆浆机中，加水至上下水位线之间，选好功能，按下启动键，开始制作即可。

> **功效解析：** 维生素C、氨基酸等，为增加活力、提振情绪的天然营养素，建议早上或下午时段饮用。
>
> **特别提醒：** 如果不喜爱西红柿的外皮，可以先用热水煮5分钟，就可以撕下西红柿皮。

补气养血 增强活力，强化造血功能！

"补气养血"并非女性的专属，男女老少都需要补气，气虚则精神差、注意力不集中、行事缓慢、易生病、易烦躁等，女性还会有贫血的症状。因此食补不仅是补身也是补心，让身心都健康才是补气养血的最终目标。

饮食要点

1. 补气养血的食物多半以黑、红色的食材居多，含维生素 C 的蔬果也是首选，如木瓜、葡萄柚、菠萝等。
2. 含维生素 A、B 族维生素的食物也可以补气补血，例如红枣就是最佳食材，也可多摄取草莓、梨子等。
3. 铁、锌等各类微量元素及氨基酸，不仅能提振精神，更能辅助其他营养的吸收，桂圆、核桃、苋菜、黑木耳、金针菇等都非常适合。

>> 红豆桂圆豆浆 安神补血

 食材 桂圆、黄豆各 50g
红豆 30g、黑糖 5g

★做法

1. 红豆、黄豆洗净后，用清水浸泡 4～8 小时，再洗净。
2. 桂圆剥壳后去核，留下桂圆肉。
3. 将黄豆、红豆、桂圆肉及黑糖都倒入豆浆机，加水至上下水位线之间，选好功能，按下启动键，开始制作即可。

> 功效解析：最佳的补气血安神饮品，女性可以每天饮用，对于气血循环及安定心绪都有帮助。
>
> 特别提醒：若采用已去核的桂圆干，建议先冲洗一下再使用，如果肉干硬，至少浸泡清水约1～2小时，待桂圆肉微软时再放入打汁。

红枣核桃糙米豆浆 <<

 食材 核桃、糙米各 20g
红枣、黄豆各 50g、黑糖 5g

★ 做法

1. 红枣洗净后，去核备用。

2. 核桃用刀背压碎备用；糙米淘洗干净，用清水浸泡 2 小时。

3. 黄豆洗净后，用清水浸泡 4 ~ 8 小时，再洗净。

4. 将所有食材都倒入豆浆机，加水至上下水位线之间，选好功能，按下启动键，开始制作即可。

功效解析：富含大量的维生素及氨基酸，让身体机能逐渐恢复正常，对于长期贫血者颇有帮助。

特别提醒：已经去核的红枣干通常也会有少量的人工调味，建议先冲洗一下再使用。

>> 黑木耳蜂蜜豆浆

 食材 新鲜黑木耳 50g、黄豆 100g
蜂蜜 5g

★ 做法

1. 新鲜黑木耳洗净后去蒂，切成小块。

2. 黄豆洗净后，用清水浸泡 4 ~ 8 小时，再洗净。

3. 将所有食材倒入豆浆机，加水至上下水位线之间，选好功能，按下启动键，开始制作即可。

4. 等放凉后，依个人喜好加入适量蜂蜜，口感更加香甜滑顺。

功效解析：黑木耳的胶质丰富，含铁量更高于菠菜及猪肝数倍，还有多种微量元素及氨基酸，堪称素中之王。

特别提醒：干燥黑木耳很难了解其制作过程及保存期限是否有问题，建议直接使用新鲜黑木耳为宜。

>> 双梨豆浆 生津养颜 补气

 水梨 100g、菠萝 75g、黄豆 50g

★ 做法

1. 水梨、菠萝洗净后削皮，切成小块。

2. 黄豆洗净后，用清水浸泡 4 ~ 8 小时，再洗净。

3. 将所有食材倒入豆浆机，加水至上下水位线之间，选好功能，按下启动键，开始制作即可。

> 功效解析：水梨及菠萝不仅含有大量的维生素C，还有对新陈代谢有帮助的天然酵素。
>
> 特别提醒：水梨及菠萝都是含有糖分的水果，已有相当甜度，不建议在豆浆内额外加糖。

>> 双瓜豆浆 活血补气 抗衰老

 哈密瓜 100g、木瓜 150g、黄豆 50g

★ 做法

1. 哈密瓜洗净后去头尾，对半切后去籽，再切成小块。

2. 木瓜洗净后削皮，切成小块。

3. 黄豆洗净后，用清水浸泡 4 ~ 8 小时，再洗净。

4. 将所有食材倒入豆浆机，加水至上下水位线之间，选好功能，按下启动键，开始制作即可。

> 功效解析：瓜类的维生素含量高，木瓜素有百果王的美名，具有活络心血管、补中益气、抗发炎、减缓衰老等功效，可以促进新陈代谢。
>
> 特别提醒：木瓜属寒性水果，不宜多吃，以免肠胃不适。

>> 苋菜金针菇精力汤

 苋菜、新鲜金针菇各 200g

做法　1. 苋菜去根部后洗净，切成小段。

2. 金针菇去根部洗干净，切成小段。

3. 将所有食材放入豆浆机，加水至最高水位线，选好功能，按下启动键，开始制作即可。

> 功效解析：苋菜的铁、钙、胡萝卜素含量高于其他蔬菜数倍，这是菜类中最知名的补血菜。
>
> 特别提醒：金针菇请使用新鲜食材，为了健康请勿使用干燥后的金针菇。

草莓葡萄柚汁 <<

养气提神
增加活力

 草莓 100g、葡萄柚 250g、黑糖 5g

做法　1. 草莓洗净，去蒂后对半切。

2. 葡萄柚洗净，对半切开后去籽，挖出果肉备用。

3. 将所有食材倒入豆浆机，加水至上下水位线之间，选好功能，按下启动键，开始制作即可。

> 功效解析：补充大量的维生素可以让精神更好，达到养气补气的功效，此水果汁男女老少都适合。
>
> 特别提醒：黑糖或蜂蜜都是可以补气的调味品，黑糖若换成蜂蜜也行。

健胃整肠调理肠胃，帮助消化！

肠胃不适有各种症状，如胃痛、胀气、肠绞痛、便秘、腹泻等，都是肠胃不健康造成的，甚至口臭也往往是肠胃问题引起的。食补的重点在于保护肠胃功能，促进消化、排毒等，让天然的食材成为身体的护卫军。

饮食要点

1. 氨基酸、微量元素、蛋白质等营养素，都是肠胃等身体脏器所需的重要养分，不妨多摄取五谷类及豆类等食物。
2. B 族维生素与维生素 C 一样重要，可多吃芦笋、白萝卜、胡萝卜、香瓜等。
3. 水果中维生素 E 含量较少，因此小米就是很重要的营养来源。

>> 小米豆浆

 小米、黄豆各 50g，蜂蜜 5g

★ 做法

1. 小米淘洗干净，用清水浸泡 2 小时。
2. 黄豆洗净后，用清水浸泡 4 ～ 8 小时，再洗净。
3. 将小米、黄豆放入豆浆机中，加水至上下水位线之间，选好功能，按下启动键，开始制作即可。
4. 等放凉，依个人喜好加入适量蜂蜜，口感更加香甜滑顺。

功效解析：B 族维生素、维生素 E、氨基酸、蛋白质、铁、锌等微量元素，都有助于新陈代谢，小米的营养成分易于被人体吸收。

特别提醒：浸泡时间长短会影响口感，其实小米本就是容易吸收养分的谷类，如果赶时间也可以缩短浸泡时间（至少30分钟，较易打汁）。

>> 芦笋山药豆浆
<small>顾肠胃
止腹泻</small>

 食材 芦笋、山药各100g
黄豆70g、蜂蜜5g

★做法

1. 芦笋洗净后去头尾，切成小块。

2. 山药洗净后削皮，切成小块。

3. 黄豆洗净后，用清水浸泡4～8小时，再洗净。

4. 将芦笋块、山药块及黄豆倒入豆浆机中，加水至上下水位线之间，选好功能，按下启动键，开始制作即可。

5. 等放凉，依个人喜好加入适量蜂蜜，口感更加香甜滑顺。

功效解析：肠胃功能不佳时也很容易腹泻，这道豆浆对于止腹泻有所帮助，且有助于排除体内多余水分。

特别提醒：切山药前建议戴上手套，以免切后双手发痒。不建议将山药浸入醋水中，易有酸味而影响口感。

>> 白萝卜豆浆
<small>肠胃保健
助消化</small>

 食材 白萝卜150g、黄豆50g、蜂蜜7g

★做法

1. 白萝卜去头尾、削皮、洗净后，切成小块。

2. 黄豆洗净后，用清水浸泡4～8小时，再洗净。

3. 将黄豆、白萝卜块倒入豆浆机，加水至上下水位线之间，选好功能，按下启动键，开始制作即可。

4. 等放凉，依个人喜好加入适量蜂蜜，口感更加香甜滑顺。

功效解析：白萝卜含有大量的维生素C，能有效促进消化吸收，素有最天然的肠胃药美名。

特别提醒：白萝卜有一点点辛甜味，加入蜂蜜调味，能让豆浆更好喝。

苹果杏仁片豆浆 <<

 食材 苹果 100g、原味杏仁片 20g
黄豆 50g、蜂蜜 5g

★ 做法

1. 苹果洗净削皮去蒂，对半切开后去籽，再切成小块。

2. 黄豆洗净后，用清水浸泡 4 ~ 8 小时，再洗净。

3. 将苹果块、杏仁片及黄豆倒入豆浆机，加水至上下水位线之间，选好功能，按下启动键，开始制作即可。

4. 等放凉，依个人喜好加入适量蜂蜜，口感更加香甜滑顺。

> 功效解析：杏仁片有助于暖胃润肺，蜂蜜对于肠胃健康也有帮助。
>
> 特别提醒：如果只能买到含盐分的杏仁片，务必冲洗去盐味，除了统一口感，也可避免摄取过多盐分。

>> 红枣黑米豆浆

 食材 红枣、黑米各 30g
黄豆 100g、蜂蜜 5g

★ 做法

1. 红枣洗净后，浸泡约 2 ~ 3 小时，去核备用。

2. 黑米淘洗干净，用清水浸泡约 2 小时。

3. 黄豆洗净后，用清水浸泡 4 ~ 8 小时，再洗净。

4. 将红枣、黑米、黄豆都倒入豆浆机，加水至上下水位线之间，选好功能，按下启动键开始制作即可。

5. 等放凉，依个人喜好加入适量蜂蜜，口感更加香甜滑顺。

> 功效解析：富含维生素及氨基酸，能帮助恢复身体机能，对于长期肠胃不适颇有帮助。
>
> 特别提醒：已经去核的红枣干，通常也会有少量的人工调味，建议先冲洗一下再使用。

>> 香瓜柠檬汁

护肠道
助吸收

食材 香瓜 100g、柠檬 50g、蜂蜜 5g

做法　1. 香瓜洗净削皮后去籽，切成小块。

　　　2. 柠檬洗净后，削皮、去籽，再切成小块。

　　　3. 将所有食材放入豆浆机，加水至上下水位线之间，选好功能，按下启动键，开始制作即可。

> **功效解析：** 香瓜含有大量的维生素，对于保护肠道颇有帮助。
>
> **特别提醒：** 中药医理强调香瓜的瓜蒂有毒性（易引发过敏等），千万不可因节省食材而取用。

促进肠胃蠕动

玉米胡萝卜白菜精力汤 <<

食材 玉米粒 50g，胡萝卜、白菜各 100g

做法　1. 胡萝卜去头尾后，削皮洗净，切成小块。

　　　2. 白菜洗净后，切成小块。

　　　3. 玉米粒略微冲洗，若较硬可再用热水煮 5 ~ 7 分钟至微软即可。

　　　4. 将所有食材放入豆浆机，加水至最高水位线，选好功能，按下启动键，开始制作即可。

> **功效解析：** 玉米降血脂，又能健胃补气；胡萝卜及白菜的纤维素则可帮助肠胃蠕动顺畅。
>
> **特别提醒：** 新鲜玉米有特殊的甜味，如果不排斥生玉米的土味，建议不必先煮过，可以直接做精力汤，保持更多微量元素。

预防"三高" 身强体健，健康活到老！

高血压、高血脂、糖尿病并不可怕，只要注重饮食、遵照医嘱，生活起居一切如常，适当的食补可以有效地调整血压、血脂及血糖，并兼顾身体所需的营养，同时也能渐渐恢复健康状态。

饮食要点

1. 高血压患者适合多吃苹果、西红柿、柠檬等维生素 C 含量较多的蔬果。
2. 降血糖、降血脂宜多摄取纤维素及维生素，可从洋葱、燕麦、卷心菜、五谷等食物中补充。
3. 降压降血糖的饮食都较为清淡，容易感到饥饿，附有胶质及容易有饱足感的蔬果，首选就是木耳、海带、玉米等。

>> 双豆薏仁豆浆

 黑豆、薏仁、青豆仁各 20g
黄豆 50g

★ 做法

1. 黑豆、黄豆洗净后，用清水浸泡 4 ~ 8 小时，再洗净。

2. 青豆仁洗净；薏仁淘洗干净，用清水浸泡 2 小时。

3. 将所有食材倒入豆浆机中，加水至上下水位线之间，选好功能，按下启动键，开始制作即可。

> 功效解析：豆类富含 B 族维生素、蛋白质等，能够辅助身体吸收养分。
>
> 特别提醒：豆类浸泡的时间长短，将影响浓稠度及口感，如果喜爱较滑润的口感，建议将豆类浸泡时间再加长 30 ~ 60 分钟。

十谷豆浆 <<

食材 长糙米、大米、燕麦、黑糯米、薏仁、红薏仁、莲子、小米、小麦、荞麦、黄豆各 20g

★ 做法

1. 长糙米、大米、燕麦、黑糯米、薏仁、红薏仁、莲子、小米、小麦、荞麦洗净后泡水约 10 ~ 20 分钟，再次清洗去除所有杂质。

2. 黄豆洗净后，用清水浸泡 4 ~ 8 小时，再洗净。

3. 将所有食材倒入豆浆机，加水至上下水位线之间，选好功能，按下启动键，开始制作即可。

> 功效解析：此款豆浆富含B族维生素、矿物质（钙、铁、镁、钾）、微量元素（锌、钼、锰、锗）、酵素等，具有降血压、降胆固醇、清除血栓等功效。
>
> 特别提醒：十谷米若不易凑齐，也可以先选五谷（较容易买的其中五样）来做养生豆浆。

>> 洋葱苹果西红柿汁

 食材 洋葱 50g，苹果、西红柿各 100g

★ 做法

1. 洋葱洗净后，切成小块。

2. 苹果洗净后去皮去蒂，切成小块。

3. 西红柿洗净后去蒂，切成小块。

4. 将所有食材倒入豆浆机，加水至上下水位线之间，选好功能，按下启动键，开始制作即可。

> 功效解析：洋葱与苹果、西红柿的搭配，不仅能降血糖，对于降血压也相当有帮助。
>
> 特别提醒：切洋葱时容易流泪，建议买回洋葱后先放置冷冻层，要切之前再泡热水就能预防流泪。

>> 玉米豆浆

预防"三高"
并发心血管疾病

 食材　新鲜玉米 150g、黄豆 50g

★ 做法

1. 玉米洗净后，用刀子刮下所有玉米粒。

2. 黄豆洗净后，用清水浸泡 4 ~ 8 小时，再洗净。

3. 将全部食材倒入豆浆机，加水至上下水位线之间，选好功能，按下启动键，开始制作即可。

> 功效解析：玉米含 B 族维生素、维生素 E 及卵磷脂等营养成分，对于降压降糖都有很大的功效。
>
> 特别提醒：不建议采用市售玉米罐头、塑封包装的熟玉米，这些罐头及包装的熟玉米都含糖及盐、可延长食用期限的化学添加物，为了健康请购买新鲜玉米。

>> 绿茶山药米豆浆

补中益气
降血脂

 食材　绿茶叶、小米各 10g
　　　山药 50g、黄豆 100g

★ 做法

1. 绿茶叶以热开水冲泡，等到呈现浓茶色，取适量的茶汤备用。

2. 小米淘洗干净，用清水浸泡 1 小时。

3. 山药洗净后削皮，切成小块。

4. 黄豆洗净后，用清水浸泡 4 ~ 8 小时，再洗净。

5. 将所有食材倒入豆浆机中，加入茶汤至上下水位线之间，选好功能，按下启动键，开始制作即可。

> 功效解析：绿茶对于降血脂及降压都有帮助，小米含有维生素 E，对糖尿病或血糖较高者有所帮助。
>
> 特别提醒：切山药前建议戴上手套，以免切后双手发痒。

>> 香菇木耳海带精力汤

食材 黑木耳、海带各 300g，香菇 3 ~ 5 朵

做法
1. 黑木耳去蒂，用大量清水洗净，再切成块状。
2. 海带洗干净后，切成小块。
3. 香菇去蒂后洗净，切成丁。
4. 将所有食材倒入豆浆机，加水至最高水位线，选好功能，按下启动键，开始制作即可。

功效解析：黑木耳、海带、香菇等，全是低热量的食材，又能降血脂，易有饱足感，不易食用过量。

特别提醒：干燥的食材很难判断是否已过期，建议到有信誉的有机超市购买新鲜食材为宜。

燕麦卷心菜汁 <<

食材 燕麦 100g、卷心菜 75g

做法
1. 卷心菜洗净后对半切，剥下菜叶后，将叶片切成数小片。
2. 将燕麦泡水 5 ~ 10 分钟至微软，若是即冲即食的产品则无须泡水。
3. 将所有食材倒入豆浆机中，加水至上下水位线之间，选好功能，按下启动键，开始制作即可。

功效解析：燕麦及卷心菜都可以促进肠胃循环，加上其丰富的纤维素易有饱足感，对于降压降血脂及保健都有帮助。

特别提醒：千万不可以加糖或加蜂蜜，如此才能达到降糖的效果。

▟ Chapter 2
超人气！就爱豆浆米食

加点巧思，简单的豆浆也能做出千变万化的米食，

除了香浓好入口的咸粥，还有小朋友爱吃的咖喱饭，

以及西式焗烤饭等。充分发挥豆浆的魅力，

做法简单，就算是新手也能轻松尝试！

>> 培根豆浆炖饭

将培根的咸香充分释放，分次加入豆浆熬煮，
让米粒慢慢吸收所有的美味精华，
米粒渐渐释放出的淀粉，让炖饭的酱汁如奶油般浓稠。
意式炖饭入口绵密滑顺，而米心仍保有弹牙口感。

培根（切片）30g
洋葱（切碎）60g
无糖豆浆（冷）400ml
意大利米 100g
奶油 10g
帕马森干酪适量
欧芹（可略）少许

★做法

1. 准备一个锅子将豆浆煮沸后以微火保温。
2. 以中小火热锅，培根下锅煸炒出油脂。
3. 转中火加入洋葱，炒至透明软化。
4. 加入意大利米一起拌炒。
5. 分次加入豆浆拌炒至水分被米粒吸收（大约需要15分钟）。
6. 在炖饭快好时，每次加豆浆的量需减少，可以避免不小心加太多的状况。
7. 熄火后加入奶油块及现刨帕马森干酪拌匀，让炖饭更显香浓。盛盘后，撒上欧芹增添风味即可。

Tips
这个步骤可以帮助米粒在烹饪过程中保持完整形状。

Tips
快要完成的阶段可以试吃看看，依个人喜好调整熟度。

>> 素香豆浆焖饭

吃素的日子，就做一锅满满素料的焖饭吧！
素肉排独特的香气和各种当季蔬食，
简单一碗焖饭就饱含了美味和营养。
使用厚质的铸铁锅在燃气灶上焖饭，
比想象容易且快速呢！

食材 🍴

素肉排 1 片（约 60g）
毛豆 50g、胡萝卜丝 30g
香菇 2 小朵
大米 1 杯（约 160g）
无糖豆浆（冷）200ml
盐、白胡椒、香油少许

★做法

1. 大米入锅洗净沥干。
2. 将豆浆倒入锅中。
3. 将干香菇泡软后切丝，泡香菇的水留着备用。
4. 胡萝卜丝和香油拌匀。
5. 素肉排切成一厘米丁状。
6. 将毛豆、素肉、胡萝卜丝全部放入步骤 2 的锅中。
7. 加入盐和白胡椒后，用筷子将食材拌匀。
8. 中大火煮滚后，盖上锅盖，以小火煮 10 分钟，熄火再焖 15 分钟。

Tips

胡萝卜富含 β - 胡萝卜素，而 β - 胡萝卜素属于脂溶性营养素，加点油更易于被人体吸收利用。

>> 芋头豆浆咸粥

带有客家风味的这道咸粥，用料满是令人怀念的风味，
让人温暖地满足了思乡的味蕾。

食材

芋头 1/4 个（约 120g）
红葱头 3 瓣、香菇 3 小朵
胡萝卜 30g、虾米 1 大匙
无糖豆浆（冷）800ml
大米 1 杯（约 160g）
猪肉馅 50g、香菜少许

★做法

1. 芋头去皮，切成小块炸熟。
2. 芋头炸至表面成金黄色时捞起沥油。
3. 红葱头切片，香菇泡软后去蒂切丝，胡萝卜切丝备用。
4. 锅中倒入少许油加热，放入红葱头片、虾米、香菇丝、胡萝卜丝炒香。
5. 放入猪肉馅与白胡椒粉拌炒出香气。
6. 大米洗净沥干后，和炸芋头块、豆浆一同入锅，煮滚后转小火边煮边搅拌食材。
7. 将粥煮至喜爱的浓稠度后加白胡椒粉调味，洒上香菜即可。

Tips

芋头炸过后水分蒸发，再经过水煮会更 Q、更绵。

Tips

胡萝卜丝以密封袋装好并冷冻保存，需要时取适量使用很方便！

>> 北非小米豆浆炒饭

食材
蒜末 1/2 茶匙
西红柿 1/4 个（约 30 g）
青椒 1/3 根（约 30 g）
北非小米 50 g
无糖豆浆（热）100 ml、盐少许

Tips
北非小米可至家乐福等大型超市购买。

北非小米是粗粒的小麦制品，料理方法简单，又带有独特的异国风情。用豆浆来擦撞出无国界料理的创意，再搭配香煎鱼排是不是很丰盛呢！

知识小学堂：
北非小米（couscous）是用杜兰小麦磨碎后，经过几道程序搓出来的小颗粒，它和小米是没关系的哟！

1 将北非小米放入大碗中，倒入煮滚的豆浆，加盖焖 15 分钟。

2 油锅烧热，以中火爆香蒜末。

3 加入切丁的西红柿和青椒拌炒 1 分钟，以盐调味。

4 最后加入北非小米拌匀即可。

将食材美味烩煮成浓郁的酱汁，
包覆住米饭的滑顺美味，令人食指大动。

1 取下鸡腿的皮切小块，以中小火热锅，将鸡皮煸炒出油脂。

2 将鸡皮捞除，转中火将洋葱和菇蕈炒至香软。

3 鸡腿肉切块后入锅拌炒，加盖焖煮至熟透，约10分钟。

Tips
以藕粉取代太白粉，更增加营养价值。

4 藕粉与豆浆拌匀成芡水，加入锅中拌煮均匀，将烩料盛到白饭上，洒上细香葱、七味粉即可。

豆浆菇蕈鸡肉烩饭 <<

 食材 去骨鸡腿排 1 片、洋葱（切碎）50g
菇蕈 50g、藕粉 1 大匙
无糖豆浆（冷）100ml、白饭 2 碗

调味料
细香葱（可略）适量
七味粉（可略）适量

>> 焗烤白酱鲑鱼饭

用豆浆做出香醇浓厚的白酱，做出高人气的焗烤白酱料理！
学会了制作白酱的技巧，就可以自行变化喜欢的食材组合。

食材 🍴

鲑鱼 50g

芦笋 50g（约3根）

奶油、面粉 1 大匙

无糖豆浆（冷）100ml

奶酪 50g

白饭 1 碗

盐、白胡椒少许

★ 做法

1. 中火将奶油溶化后，加入面粉拌炒均匀。

2. 分次加入豆浆慢慢拌匀，做成白酱，备用。

3. 将鲑鱼煎至两面金黄焦香，用锅铲将鲑鱼切小块。

4. 芦笋切小段下锅和鲑鱼拌炒均匀。

5. 加入白饭拌炒均匀，并以盐和白胡椒调味。

6. 加入白酱拌匀。

7. 盛在烤盘上，撒上奶酪，以180℃烤10分钟，或至奶酪呈现金黄微焦即可。

Tips

或是将面糊和豆浆用食物调理机搅拌均匀，比较省时省力。

>> 猪肉豆浆咖喱饭

香浓的咖喱是孩子的最爱，依照喜好选择辛辣或甘甜的咖喱块，
无论是哪种咖喱，都和温润的豆浆十分契合，
不但增添了营养，也让咖喱的风味更加圆润。

食材

梅花猪肉片 100 g

马铃薯、胡萝卜 50 g

洋葱 60 g

无糖豆浆（冷）200 ml

咖喱块 1 块（依包装指示调整用量）

白饭 2 碗

★做法

1. 油锅烧热，将猪肉煎至表面焦香。

2. 加入切块的胡萝卜和洋葱末拌炒至香软。

3. 加入切块的马铃薯和豆浆。

4. 煮滚后转小火煮 30 分钟。

5. 加入咖喱块后拌匀。

6. 将白饭盛入深盘中，搭配咖喱即可。

>> 白萝卜猪肉粥

 食材
白萝卜 200g
大米 100g
猪绞肉 50g
盐 1g（1/8 茶匙）
白胡椒粉少许

选择表皮光滑且水分充足的白萝卜，
炖煮出的粥品清甜香醇，
最后点缀上的白胡椒，更是带出了整体香气。

❶ 白萝卜切丁，大米洗净。

Tips
如果要作为宝宝的副食品，请减少或省略盐的用量。

❷ 白萝卜、大米、猪绞肉和盐一起放入豆浆机中。

❸ 加水至上下水位线之间，选择"美味粥"，按下启动键，开始制作。

Tips
若要做为宝宝的副食品，可省略白胡椒。

❹ 最后盛入碗中，缀以白胡椒即可。

❶ 圆糯米洗净，加水浸泡半小时。

❷ 圆糯米、干栗子一起放入豆浆机中。

❸ 放入冰糖，加水至上下水位线之间。

❹ 选择"美味粥"，按下启动键，开始制作即可。

冬季的栗子香甜味美，
熬制成粥可滋养脾胃、增进食欲，
若是作为宝宝的副食品，
只需省略食材中的冰糖即可。

栗子甜粥 ‹‹

 食材　圆糯米 100g、干栗子 100g、冰糖 50g

Chapter 3
太美味！创意豆浆面点

从乌龙面、面疙瘩、通心粉到意大利面，
都可以加入豆浆，变化出不同的风味，
带给味蕾惊喜的感受，
只要跟着食谱的步骤制作，
营养又美味的豆浆面点就能快速上桌！

>> 家常面疙瘩

做面疙瘩的过程充满童趣，有咬劲的口感，真是成就感满分！
加入家常风味的炒料和香醇豆浆汤底，美味又营养。

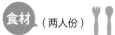

食材（两人份）

面疙瘩
面粉 150g
无糖豆浆（冷）80ml
盐 一撮

腌料
酱油 1 茶匙、藕粉 1/2 茶匙

其他
猪肉丝 100g、香菇 4 小朵
胡萝卜 30g、小白菜 1 把
红葱头 4 瓣（约 20g）
无糖豆浆（热）400ml
香油 1 茶匙

★ 做法

1. 将豆浆倒入装有面粉的碗中，拌揉成团。

2. 猪肉丝与腌料拌匀。

3. 香菇泡软切丝，红葱头逆纹切片，小白菜切段，胡萝卜刨丝，备用。

4. 油锅烧热，用中火将红葱头、胡萝卜丝和香菇炒至香软，肉丝下锅拌炒至熟。

5. 煮一锅滚水，将面团掰成片状下锅煮滚。再放入小白菜一起烫熟。

6. 将面疙瘩和青菜盛入大碗中，倒入煮滚的豆浆，最后加上炒肉，淋上香油即可。

本书盐分量计算：
"一撮" 是以大拇指、食指和中指，三根指头拈起的分量；
"少许" 则为大拇指与食指，两根指头拈起的分量。
调味时请试吃，并依喜好调整咸度和调味料的用量。

>> 酱油牛肉豆浆乌龙面

鲜美油亮的牛肉片，烧出诱人酱香，
豆浆乌龙面上的酱油牛肉闪烁的光泽令人食指大动！

食材 🍴

无糖豆浆（热）300ml
牛肉片 100g
葱 2 根
酱油 1 大匙
冷冻乌龙面 1 人份
小白菜 1 把

Tips

冷冻乌龙面
比冷藏的更
加 Q 弹。

★ 做法

1. 冷冻乌龙面泡在凉开水中解冻。
2. 油锅烧热，放入牛肉片下锅煎炒。
3. 葱切段，加入锅中持续拌炒。
4. 再加入适量酱油拌炒均匀。
5. 乌龙面滗干盛在碗中，倒入煮滚的豆浆。
6. 最后放上炒好的酱油牛肉即可。

Tips

由于乌龙面有用凉水解
冻过，加入刚煮好滚烫
的豆浆，就是刚好入口
的温度。如果喜欢烫口
的温度，也可以将乌龙
面和豆浆一同加热。

>> 泡菜猪肉豆浆春雨

冬粉有个浪漫的别称——春雨，
细滑透亮的春雨煨煮在豆浆汤中，
搭配红艳酸香的泡菜猪肉，那滋味竟意外的合拍。

食材

无糖豆浆（冷）500ml
冬粉1把（约35g）、葱1根（切段）
猪肉片80g、泡菜60g

酱料
韩式辣酱、酱油、米酒各1茶匙

★做法

1. 将豆浆煮滚后，加入冬粉煮熟。
2. 煮冬粉的同时，另外准备一个小炒锅，油锅烧热，将葱白和猪肉片炒至香软。
3. 加入葱绿、泡菜和酱料拌炒均匀。
4. 冬粉煮熟后熄火，以盐调味，装入大碗中。
5. 将炒好的泡菜猪肉放在冬粉上即可。

>> 韩式豆浆凉面

 食材 面条 1 人份、麻油半茶匙
无糖豆浆（冰）250ml、水煮蛋 1 颗
冰块 3 颗、小黄瓜半根、白芝麻 1 茶匙

韩国人在夏天很流行吃冰凉的豆浆面，
在没有胃口的盛夏，搭配韩式小菜一起享用这碗豆浆面，
增进食欲并补充营养。

1 将面条和麻油放入滚水中煮熟，
沥干后泡入冰水。

2 将小黄瓜切丝，水煮蛋纵向切
两半。

3 碗中倒入冰豆浆，放入沥干的面
条和冰块，搭配小黄瓜丝、水煮
蛋和白芝麻即可。

1 将豆浆和通心粉放入锅中，以中火煮 10 分钟左右，中途须不时搅拌，煮至喜欢的熟度。

2 加入鲔鱼和玉米拌匀。

3 将干酪片剥成小块，熄火上锅盖焖 1 分钟，拌匀并以盐调味。

4 最后洒上欧芹增添香气，浓郁又美味的通心粉完成。

直接用豆浆把通心粉煮熟，通心粉的淀粉释放后，和豆浆自然融合成浓郁白酱，拌入鲔鱼、玉米和干酪，轻松完成这道香浓美味的料理。

豆浆鲔鱼玉米通心粉 <<

 通心粉 100g、无糖豆浆（冷）300ml
罐头鲔鱼 100g、玉米粒 150g
干酪片 1 片、欧芹少许
盐 1 撮

>> 豆浆辣炒年糕

拥有超高人气的韩国小吃，虽然看起来红通通的，
但辣而微甜，添加豆浆更让酱汁多一分温醇，
浓郁的辣酱裹在 Q 弹有嚼劲的年糕上，十分美味。

食材 🍴

韩式条状年糕（约400g）
洋葱半个、泡菜150g
胡萝卜丝50g、蒜末1茶匙
葱1根、白芝麻少许

酱料
无糖豆浆（冷）300ml
韩国辣椒酱2大匙
冰糖1大匙

★做法

1. 年糕用滚水煮2分钟。

2. 将韩国辣椒酱以网筛拌入豆浆中。

3. 加入冰糖调成酱汁，备用。

4. 洋葱逆纹切丝，葱切段。油锅烧热，洋葱丝、胡萝卜丝、蒜末和葱白下锅，用中火拌炒至洋葱透明软化。

5. 年糕和步骤3的酱汁一同入锅，煮滚后转中小火煮20分钟，中途不停拌炒。

6. 等到汤汁收至浓稠，加入葱绿拌炒至熟，盛盘并撒上白芝麻即可。

Tips
冷藏年糕为了防沾黏，外层会裹有一层油脂，余烫的步骤是为了去除外层油脂，待会与酱汁煨煮会更入味。

Tips
用网筛来拌入浓稠的辣酱，口感会更加滑顺。

Tips
需要不停拌炒，否则容易黏锅。

Tips
可依喜好加入余烫过的卷心菜丝或泡面拌炒。

>> 豆浆蔷薇酱意大利面

粉红色的蔷薇酱，结合西红柿酸香和豆浆温顺的双重优点，
黏附在意大利宽面上，让酱汁与面体充分接触，更能突显其风味。

意大利宽面 100g

蒜末 1/4 茶匙

洋葱丁 50g

西红柿 1 个（约 100g）

西红柿糊 1 茶匙

无糖豆浆（热）150ml

盐 1 茶匙

新鲜罗勒适量（装饰用，可略）

★做法

1. 准备一锅滚水，加入 1 茶匙盐，依照包装指示，将意大利面煮至喜爱的熟度。

2. 煮意大利面的同时，准备一个炒锅，将蒜末和洋葱丁炒至香软。

3. 西红柿切丁后与西红柿糊一同下锅拌炒均匀。

4. 加入意大利面拌炒，以盐调味。

5. 最后倒入豆浆拌匀。

6. 装盘，点缀上罗勒即可。

❒❒ Chapter 4

好好吃！秒杀豆浆配菜

豆浆独特的豆香及滑顺的口感，

搭配各种食材，能相互激荡出崭新的滋味，

吃腻了一般的家常菜吗？

不妨试着将豆浆、豆渣入菜，

绝对能收服全家人的心和胃！

>> 豆渣白和秋葵

白和是利用豆腐泥与食材结合的日式凉拌菜。
在制作豆浆后，直接使用豆渣来制作这道料理，
将其丰富钙质、纤维及营养完整摄取！

食材 🍴

秋葵6根、胡萝卜丝30g

酱油1大匙、味淋（一种日本调味米酒，可用料酒加红糖代替。）1/2大匙

豆渣100g、胡麻酱1大匙

味噌1/2大匙、白芝麻1/4茶匙

★ 做法

1. 秋葵洗净，用刀去除蒂头附近的一圈硬皮。

2. 撒上少许的盐，用手搓揉去除秋葵表面上的绒毛。

3. 秋葵汆烫后放入冰水冷却。

4. 秋葵沥干后，斜切三段备用。

5. 胡萝卜丝汆烫捞起备用。将秋葵与胡萝卜丝放入碗中，加入酱油和味淋。

6. 豆渣、胡麻酱、白芝麻、味噌拌匀。

7. 与秋葵、胡萝卜丝拌匀后试吃，依个人口味加盐调味即可。

Tips

秋葵汆烫2分钟即可，避免其营养成分流失，并保持清脆口感。

>> 嫩豆腐佐和风酱

传统豆腐制作是使用盐卤，改用吉利丁片会有 Q 嫩口感，
制作方法也比较简单。

食材 🍴

无糖豆浆（冷）150ml
吉利丁片 2 片

酱汁
酱油膏 1 大匙
细香葱少许
柴鱼片适量

★做法

1. 吉利丁片一片一片分开泡在冰块水中，泡到完全柔软的状态。
2. 泡吉利丁片的同时，将豆浆煮沸熄火。
3. 捞起吉利丁片，将多余的水挤干，放入到已经加热的豆浆中融化，再搅拌均匀后放凉。
4. 倒入容器中，放入冰箱冷藏 6 小时或过夜至完全凝固。
5. 将酱油膏和切碎的细香葱混合均匀，淋在豆腐上，并放上柴鱼片即可。

Tips
也可以不脱模，直接淋上酱汁享用。

Tips
容器内先铺上保鲜膜更容易脱模。

>> 和风豆渣奥姆蛋

食材 胡萝卜丝 10g、香菇（泡软切丝）1 朵
毛豆 1 大匙、豆渣 1 大匙、鸡蛋 1 颗
酱油 1 茶匙、味淋半茶匙

❶ 油锅烧热，将胡萝卜丝、毛豆和香菇丝拌炒出香气。

❷ 加入豆渣、酱油和味淋，熄火拌炒片刻，放凉备用。

❸ 将鸡蛋搅拌成蛋液，加入刚才的炒料拌匀。

❹ 油锅烧热，将蛋糊煎至金黄，翻面将两面都煎好，即完成。

加了豆渣的奥姆蛋，多了一股豆香，口感也更加松软。

洋葱的甜味、猪肉鲜美，
用一点点姜泥带出温暖的风味。

Tips

锅面因为洋葱糖分释出，而有棕色物质，洋葱的辛辣味会转为甜美香气，口感也会变得入口即化，小孩会比较喜欢哦！

❶ 猪肉和腌料混和。

❷ 洋葱以小火慢炒至焦糖化，表面呈现金黄色。

❸ 加入猪肉下锅拌炒至熟。

❹ 依序加入豆浆及芡水，等煮滚，即可装盘上桌。

豆浆洋葱猪肉 <<

食材 猪肉 100g、洋葱 100g
无糖豆浆（热）100ml

腌料 盐 1 撮、姜泥 1 茶匙、米酒 1 茶匙
芡水 藕粉 1 茶匙、水 2 大匙

>> 豆浆焗白菜

用吃剩的洋芋片发挥创意，和豆浆做成咸香的酱料，
没想到这样的奶焗白菜也十分有味呢！

洋芋片（干酪口味）10g
无糖豆浆（冷）200ml
大白菜300g（约1/3棵）
奶酪30g
盐适量

★做法

1. 将洋芋片和豆浆放到搅拌机或果汁机拌匀，完成白酱。
2. 大白菜洗净后横切段，再顺纹切丝。
3. 油锅用中火烧热，先炒白菜茎部，再放入菜叶炒软，加盐调味。
4. 倒入一半分量的白酱和白菜拌匀。
5. 依序将白菜、剩下的白酱和奶酪放入烤碗中。
6. 烤箱预热至220℃，放入烤盘，烤10分钟或至表面金黄即可。

>> 豆浆卷心菜卷

豆渣和绞肉混合，肉馅多了豆香和湿润感。
稍微花点心思，将肉馅包入卷心菜中，
让香醇的肉馅和卷心菜的鲜甜，完美融合。

食材 🍴

卷心菜叶约 8 片
猪绞肉 100g
豆渣 50g
洋葱末 30g
胡萝卜末 30g
盐少许
白胡椒少许
豆蔻粉少许
无糖豆浆（冷）100ml

★ 做法

1. 将卷心菜叶用滚水汆烫半分钟。
2. 将猪绞肉、豆渣、洋葱末、胡萝卜末、盐、白胡椒和豆蔻粉拌匀，分成 4 等份。
3. 制作卷心菜卷，首先放一大片菜叶，用小片菜叶将缝隙铺好，放入肉馅往前卷一圈。
4. 将卷心菜左右两端往内折，再往前卷起。
5. 如图，做成 4 个卷心菜卷。
6. 卷心菜卷封口处朝下，放入锅中。加入 50ml 的水，以中火煮滚后，转小火焖煮 15 分钟。
7. 豆浆煮滚后倒入锅中，让豆浆和鲜美汤汁融合即叮。

Tips
豆蔻粉香气很重，请小心的少量加入。

Tips
卷卷心菜时，可视情况切去较粗的菜梗，不但比较好卷，吃起来也较顺口。

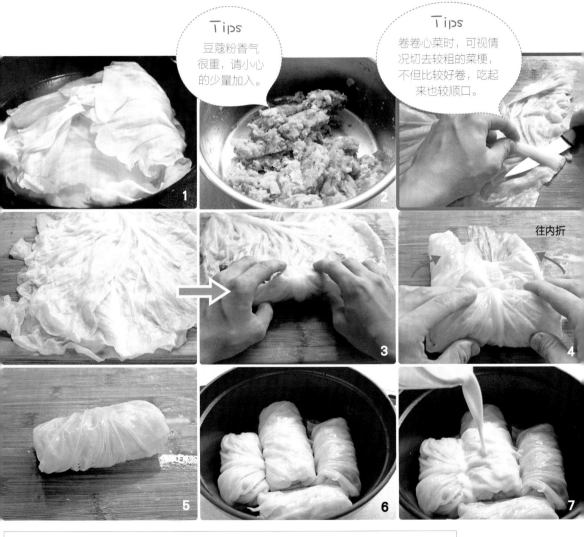

注意事项：
卷心菜卷由于内馅有调味，不能直接加入冷豆浆一同沸煮，因为豆浆遇到咸和酸，会使其中酪蛋白凝结，尤其经过沸煮加速，变成豆花的情况会更严重。

>> 豆浆烩丝瓜

蓬松柔软的炒蛋，搭配清甜滑嫩的丝瓜，一同烩煮在豆浆汤
中，原味轻烹调，简简单单就能品尝食物最自然的滋味。

食材

鸡蛋 2 颗
丝瓜 1 条
无糖豆浆（热）100 ml
九层塔 6 片

荧水
无糖豆浆（冷）2 大匙、藕粉 1 茶匙

★做法

1. 将鸡蛋打散成蛋液；丝瓜顺纹对切后，逆纹切 1 厘米厚片状。
2. 油锅烧热，倒入蛋液下锅后，用筷子往内划半，炒成散蛋，盛起备用。
3. 丝瓜下锅翻炒一下，加入适量的水，加盖焖炒至熟软。
4. 锅中加入散蛋并以盐调味后熄火，倒入热豆浆和荧水拌匀。
5. 最后点缀上九层塔叶即可。

注意事项：
由于豆浆遇到咸和酸，会使其中酪蛋白凝结，变成豆花，所以不宜与丝瓜炒蛋一同煮沸。
另外，加入荧水的目的是增添滑顺的口感，因此无须加热，使其更浓稠。

>> 豆浆煨马铃薯牛肉

食材 洋葱 100 g、胡萝卜 60 g
马铃薯 1 个（约 220 g）
牛肉片 250 g
无糖豆浆（冷）300 ml
盐少许

马铃薯和豆浆熬煮后的汤汁香醇浓郁，
融合了蔬菜及牛肉的鲜甜，
即使不配饭也十分饱足的幸福料理。

❶ 洋葱切丝，胡萝卜斜切薄片，马
铃薯切块。

❷ 将洋葱和胡萝卜炒至香软。

❸ 放入牛肉片炒香。

❹ 马铃薯和豆浆一同下锅，中火煮
滚后，转小火煨煮 15 分钟后加
盐调味即可。

1 将枸杞泡在花雕酒中。

2 将鸡翅煎至熟透，表面呈金黄色，即可盛起备用。

3 加入姜片和豆浆，煮滚后转小火煮 10 分钟。

4 熄火，以盐调味，用花雕枸杞及香菜叶点缀即可。

花雕酒独特的香气，
为这道料理激荡出华丽的风貌。

豆浆花雕鸡翅 <<

 食材 鸡翅 300g、姜 3 片
无糖豆浆（冷）200 ml、枸杞 1 大匙
花雕酒 1 大匙、香菜适量

🍴 Chapter 5
暖乎乎！豆浆火锅&汤品

> 鱼片、蔬菜、火锅料……，
> 随个人喜好，加入各式各样食材，
> 煮成热乎乎的豆浆火锅或汤品，
> 喝上一口，全身都暖了起来，
> 就用豆浆料理，填满生活的每一刻！

>> 芦笋豆浆浓汤

 食材　培根（切丁或丝）约1大匙
　　　　芦笋200g
　　　　无糖豆浆（冷）300ml
　　　　盐1撮

用煎炒培根的油脂提味，
绿油油芦笋豆浆浓汤的清新香气，
作为冷汤享用也十分美味。

❶ 把培根煸炒出油脂和香气，盛起备用。

❷ 芦笋洗净切段，取几根头穗的部位，用滚水汆烫，留做装饰。

❸ 将芦笋、豆浆放入豆浆机中，按下"浓汤"键开始制作。

❹ 盛盘，加盐调味，点缀上芦笋头穗及培根即可。

Tips

如果想保留马铃薯块状的口感，可事先将一半分量的马铃薯，放入沸水锅中煮滚，转小火煮至马铃薯松软熟透，再用汤匙压碎，可增加汤头的浓郁感。

满满海洋鲜味的汤头，
因为马铃薯的淀粉而显得浓郁，
温暖滑顺的蛤蜊豆浆巧达浓汤，
特别适合在寒冬享用。

① 马铃薯洗净去皮切丁。

② 将马铃薯、豆浆放入豆浆机中，按下"浓汤"键开始制作。

③ 锅中放入蛤蜊和 50ml 的水，加盖以中火煮至壳开。

④ 取出蛤蜊壳，将蛤蜊肉和汤汁加入马铃薯浓汤中，以盐和黑胡椒调味后，洒上欧芹即可。

豆浆巧达浓汤 <<

食材 蛤蜊（已吐沙）300g、水 50ml
马铃薯 700g、无糖豆浆（冷）500ml
切碎的新鲜欧芹少许（点缀用，可省略）

>> 胡萝卜豆浆浓汤

 食材 洋葱半个、胡萝卜 1 根
无糖豆浆（冷）350ml
红椒粉、香菜少许
盐和黑胡椒适量

这道浓汤少了生涩的胡萝卜味，
加了豆浆后，会转为温和且香甜的风味。
相信即使是不爱胡萝卜的人，
也会一喝就爱上它哦！

❶ 将洋葱切碎、胡萝卜切块后，放入豆浆机中，倒入豆浆。

❷ 按下"浓汤"键开始制作。

❸ 盛入碗中，加红椒粉、盐、黑胡椒调味，点缀上香菜即可。

1 将西红柿洗净切块，放置冰箱冷冻一晚，取出冲水 30 秒，就可以轻松去皮。

Tips
西红柿的营养是脂溶性，炒过可以提高人体的吸收率。

2 锅子烧热，倒入少许橄榄油，放入姜片，加入西红柿拌炒。

3 加入鱼片，加盖焖煮至熟透。

4 加入小白菜，轻轻地拌炒至熟，并加盐调味。碗中倒入豆浆，放入炒好的食材即可。

西红柿和豆浆都是对女人很好的食材，这道低卡汤品最适合减肥期间享用，轻松饱足无负担。

西红柿鱼片豆浆汤 <<

 食材
姜 1 片
西红柿 1 个
鱼片 200 g
小白菜 2 把
无糖豆浆（热）300 ml
橄榄油少许

>> 玉米排骨豆浆汤

 食材

排骨 300 g
清水 300 ml
玉米切块 200 g（约 1 根）
无糖豆浆（冷）200 ml
盐少许

将玉米的香甜和排骨的鲜美一起炖煮在豆浆汤中，
这是食材和做法都非常简单的汤品。

❶ 排骨用滚水汆烫洗净。

❷ 锅中加水，放入排骨煮滚后，盖上锅盖转小火煮半小时。

❸ 放入玉米，盖上锅盖煮 10 分钟。

❹ 倒入豆浆，煮滚后熄火，加盐调味即可。

❶ 将春鸡汆烫后，入锅加水煮滚，转小火炖 2 小时。

❷ 菱角去壳，山药去皮切块，下锅煮半小时至熟透。

❸ 熄火以盐调味。碗中盛入鸡汤与豆浆各半，搭配汤料享用。

光是听到鸡汤，就能发自内心地感到温暖。
入秋后菱角和山药盛产，都是温和滋补的食材。
搭配无糖豆浆更添养生风味。

山药香菇豆浆鸡汤 <<

 食材　小春鸡 1 只
山药 300 g
菱角 300 g
无糖豆浆（热）适量
盐少许

>> 鲑鱼豆浆味噌汤

 食材 鲑鱼块 100g、卷心菜 150g
无糖豆浆（冷）400ml、味噌 1 大匙

鲑鱼味噌汤一向是相当受欢迎的汤品，
添加豆浆更是雅致深邃。

1 卷心菜、鱼片和豆浆放入锅中。

Tips
盖上锅盖可使
热能集中在锅
内不流失。

2 用中火煮滚后，转小火煮至鲑鱼
熟透。

Tips
利用网筛协助味噌
彻底融入汤底。

3 待鱼片熟后，熄火并加入味噌
即可。

1 洋葱、胡萝卜和玉米切块，与豆浆下锅，中火煮滚后转小火煮半小时。

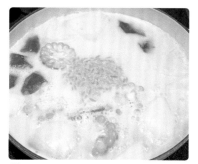

2 加入米形面，煮10分钟。

3 放入切好的卷心菜及花椰菜，煮至蔬菜熟透。

4 最后用意大利综合香料、盐和黑胡椒调味，盛盘后点缀以新鲜罗勒叶即可。

米形的意大利面很适合加到西式汤品中，增加饱足感。综合蔬菜及豆浆一起煮成一碗午间轻食吧！

米形面蔬菜豆浆汤 <<

食材 胡萝卜50g（1/3根）、洋葱80g（半个）
玉米70g（半根）、花椰菜80g、卷心菜80g
意大利米形面100g、无糖豆浆（冷）300ml
新鲜罗勒适量（装饰用，可略）

调味料　盐、黑胡椒、意大利综合香料少许

>> 养生药膳豆浆火锅

食材 黄耆 20g、红枣 6 颗、当归 2 片、枸杞 1 茶匙
无糖豆浆（冷）300ml、水 200ml、玉米（切段）1 根
卷心菜 1/4 棵、火锅料适量、火锅肉片 200g
花椰菜半棵、金针菇半把

Tips
玉米和卷心菜能
增加汤底甜味。

以温和的药材熬煮，汤头甘甜芬芳，又具补中益气的功效。
也可以去中药店请师傅为家人设计最适合的药材组合。

1 锅内倒入豆浆和水，放入黄耆、
红枣、玉米、卷心菜和火锅料，
煮滚后转小火煮至食材熟透。

2 再加入花椰菜、金针菇、肉片和
当归。

3 等煮滚后，最后撒上枸杞即可。

1 油锅烧热将洋葱和胡萝卜炒至香软，再加入咖喱块拌炒出香气。

2 铺上一层卷心菜，放入其他蔬菜、肉片和火锅料，煮至所有食材熟透。

3 碗内装入适量的热豆浆，即可搭配享用。

在碗中盛上一碗热豆浆，搭配成香浓郁咖喱的火锅，不但柔和了咖喱的辛辣，更增添温和香醇的风味。

食材搭配建议（可依喜好选择）
新鲜菇蕈（鸿喜菇、金针菇、雪白菇等）、油豆腐、冻豆腐、乌龙面

豆浆咖喱锅 <<

 食材　洋葱（切丝）半棵
胡萝卜（切片）1/3 根
卷心菜半棵
肉片、蔬菜及火锅料适量
无糖豆浆（热）适量
咖喱块 2 ~ 3 块

>> 综合菇蕈豆浆锅

食材 新鲜香菇 2 朵，金针菇、舞菇、雪白菇 各 1 包（约 100g）
杏鲍菇 2 朵（约 50g）、小白菜 2 把、火锅猪肉片 200g
胡萝卜（切片）1/3 根、无糖豆浆（冷）适量

蘸酱 豆瓣酱 1 大匙、酱油 1 大匙

菇蕈低热量又营养丰富，使用各种菇蕈来煮火锅，
一部分炒出香气增添汤底风味，其他则与豆浆汤底煮熟，
保留它们丰富的口感。

1 油锅烧热，将一半分量的菇类和胡萝卜炒至香软。

2 倒入豆浆以中火煮滚。

3 将剩下的菇类和肉片下锅，煮至熟透。

4 最后放入小白菜，再次煮滚，即可搭配蘸酱享用。

1 白菜洗净切块铺在锅底，放入火锅料和鱼片。

2 加入豆浆煮至食材熟透。

3 酱油和味噌盛入小深碟中，撒上炒香的白芝麻，完成蘸酱。

醇厚的豆浆汤底，带有鱼片的鲜美，还有丰富火锅料及蔬菜，佐以和豆浆非常契合的胡麻味噌酱。

鱼片豆浆火锅 <<

食材 豆浆 300ml、白菜半棵、鱼片 300g
火锅料适量、绿色叶菜 1 把

蘸酱 酱油 1 大匙、味噌 1 大匙、白芝麻少许

专栏 | 用豆浆机做米糊，美味又安心！

>> 南瓜鸡汤米糊

食材 南瓜 200g
大米 100g
鸡高汤 500ml

1 南瓜去皮、去籽后切小块。

南瓜营养丰富，味道温和甘甜，添加鸡汤的香气和胶原蛋白，可以提升免疫力和抗氧化功能，也是宝宝辅食的入门菜色。

2 大米洗净沥干，与南瓜丁一起放入豆浆机中。

Tips
给宝宝吃的米糊，不妨自行用鸡骨熬制鸡汤，避免市面上鸡高汤钠含量过高的疑虑。

3 倒入鸡高汤，酌量加水至上下水位线之间。

4 选择"米糊"，按下启动键，开始制作即可。

① 大米洗净。

② 将卷心菜和苹果切小丁。

③ 所有食材放入豆浆机中，加水至上下水位线之间。

④ 选择"米糊"，按下启动键，开始制作即可。

卷心菜和苹果对肠胃系统都很温和，
其清甜的风味，更能提高对米糊的接受度。

卷心菜苹果米糊 <<

 食材 卷心菜 100g、苹果 100g、大米 100g

Chapter 6
大口吃！豆浆轻食咸点

一个人有点饿，但又不想吃太多，
这时候，最适合来一份豆浆咸点，
吃起来略带饱足，却又不至于太撑，
刚刚好的分量，你也来试一试吧！

>> 豆渣御好烧

御好烧也就是我们常说的大阪烧，
保证一吃就爱上的日式料理，做法其实很简单！
配料也可以依喜好调整，
添加豆渣让营养加分，但美味不变。

豆渣 60g、猪五花肉片 85g
培根 20g、鸡蛋 2 颗
卷心菜 200g（约 3 片叶子）
葱 1 根、面粉 2 大匙
大阪烧酱适量
日式沙拉酱适量
柴鱼片适量

★做法

1. 将葱横切段后直切丝，培根切小块，猪肉片切一口大小，卷心菜切丝。
2. 豆渣、鸡蛋和面粉拌匀。
3. 完成面糊，备用。
4. 培根放入炒锅中煎香，加入葱、猪肉片和卷心菜拌炒至熟。
5. 油锅以中小火烧热，倒入面糊铺平，煎至底部全黄焦香。
6. 铺上刚才炒好的馅料。
7. 盘子倒扣在锅子上，将锅子快速翻转，简单盛盘。
8. 抹上大阪烧酱，挤上沙拉酱，放上柴鱼片即可。

Tips
煎炒的过程中，不时盖上锅盖，是让食材均匀受热的秘诀。

>> 樱花虾豆渣煎饼

食材
豆渣 100g
面粉 15g（2 大匙）
鸡蛋 1 颗
樱花虾 15g（2 大匙）
盐少许
白胡椒少许

① 将鸡蛋打散，加入豆渣、面粉、盐和白胡椒拌匀，再放入 1 大匙的樱花虾拌匀。

樱花虾在深海游动的感觉，仿佛樱花缤纷落下，
就让这场樱花雨落在我的餐盘上吧！
添加了豆渣的煎饼松松软软，碰上香酥鲜甜的樱花虾，
组合出多层次的口感。

② 油锅烧热，将面糊倒入锅中，平铺成圆饼状。

Tips
盖上锅盖可以让煎饼中心比较容易熟。

③ 将 1 大匙的樱花虾平均撒在面糊上，再盖上锅盖用小火慢慢将面糊底面煎至金黄。

④ 翻面将另外一面煎熟即可。

1 豆渣和调味料拌匀。

2 将豆渣铺在吐司上。

3 撒上奶酪。

4 烤15分钟左右或至奶酪融化呈金黄色，缀以罗勒叶即可。

湿软香绵的豆渣像是薯泥一样，
降低热量相同满足！
小巧可爱的造型，
可以作为宴客前菜，
或是自己的午后轻食。

豆渣比萨 <<

 食材 法国吐司面包 1 条、豆渣 3 大匙
奶酪约 50g、新鲜罗勒叶 4 片

调味料 番茄酱 1 大匙、意大利综合香料少许
盐少许、黑胡椒少许

>> 豆浆薄饼鲜蔬卷

我非常爱吃润饼，但现做的润饼皮比较少见，
虽然比不上老师傅的功夫，但自己做的饼皮，
总是心意满分又新鲜。
搭配花生酱和葡萄干的微甜滋味，
以及幼嫩的芽菜，让人充满活力的感觉。

高筋面粉 100g
无糖豆浆（冷）100ml
盐少许
花生酱适量
苜蓿芽适量
葡萄干适量

★做法

1. 面粉、豆浆和盐放入碗中搅拌至面糊黏稠。
2. 平底锅开小火烧热，用橡皮刮刀取约 2 大匙的面糊，薄薄地抹在锅面上。
3. 加热至饼皮均匀变成白色且边缘翘起。
4. 从边缘轻轻挑起整张饼皮，重复上述做法至面糊用完即可。
5. 饼皮抹上 1 大匙的花生酱，铺上苜蓿芽和葡萄干。
6. 最后将两侧的饼皮往内折，即完成。

>> 豆渣鲔鱼薯饼

将湿润的豆渣和薯泥混合，先蒸后烤是外酥内软的秘诀。
松软的薯泥带着淡雅的豆香，添加鲔鱼提升营养和美味程度，
当早餐或配餐都好棒！

豆渣 80g
马铃薯 1 个（约 250g）
罐头鲔鱼 100g
洋葱碎 30g
盐 1 撮
黑胡椒少许
芥末籽酱（可略）适量
番茄酱（可略）适量

★做法

1. 将马铃薯蒸熟后去皮，压成薯泥。
2. 加入豆渣、鲔鱼、洋葱碎、盐和黑胡椒拌匀。
3. 将薯泥做成圆饼状，备用。
4. 将烤箱预热至 200℃。薯泥圆饼放在铺了烘焙纸的烤盘上，以 200℃烤 15 分钟。
5. 盛盘，可搭配番茄酱和芥末籽酱享用。
6. 或做成小朋友的点心，用番茄酱画上可爱图案吧！

>> XO 酱豆浆萝卜糕

带有萝卜的清香和 XO 酱的鲜美，
将绵软的萝卜糕煎至表面金黄焦脆，
美味程度绝对完胜早餐店的萝卜糕！

白萝卜 500g（约 1/2 根）
XO 酱 1 大匙
猪油或色拉油 2 大匙
黏米粉 100g
无糖豆浆（冷）130ml
盐 1 撮

★ 做法

1. 白萝卜洗净后去皮刨丝。
2. 热锅后倒入 2 大匙的油，以中火炒香 XO 酱。
3. 加入白萝卜丝和盐，翻炒至萝卜丝熟软。
4. 豆浆和黏米粉拌匀。
5. 炒锅熄火，倒入黏米粉浆拌匀。
6. 将蒸笼布铺在蒸笼中，倒入面糊并稍微抹平表面。
7. 中小火蒸半小时至一小时。蒸好后要等萝卜糕完全冷却再脱模。
8. 蒸好的萝卜糕可以直接挖来吃，口感绵软香甜。也可以将萝卜糕放凉后切片，用平底锅煎至两面金黄。

>> 德国香肠豆浆咸蛋糕

法式咸蛋糕是早餐或下午茶的轻食选择。
秋冬午后热腾腾地出炉，用来招待好友或独自享用，
都为生活增添不少温暖色彩。

食材

馅料
洋葱 30g、胡萝卜 30g
花椰菜 60g
德国香肠 50g（1根）
盐 1/8 茶匙

蛋糕体
鸡蛋 2 颗、无糖豆浆（冷）70ml
橄榄油 40ml、盐和黑胡椒少许
低筋面粉 150g、泡打粉 1.5 茶匙

★ 做法

1. 德国香肠切圆片；花椰菜洗净切成一朵朵；胡萝卜洗净去皮后刨成丝；洋葱洗净去皮切成细小块状，备用。

2. 油锅烧热，将香肠、花椰菜、胡萝卜、洋葱倒入锅中拌炒。

3. 碗中打入 2 颗鸡蛋，加入豆浆、橄榄油、盐和黑胡椒，仔细拌匀。

4. 加入过筛的面粉及泡打粉拌匀。

5. 倒入步骤 2 的馅料拌匀。

6. 最后倒入蛋糕烤模，放入烤箱烤 30 ~ 35 分钟即可。

>> 培根芦笋豆浆咸派

在法国，咸派常作为早餐或午茶的选择，
酥松的派皮和香软丰富的馅料，
令人忍不住多享用一块儿。

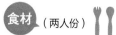

食材（两人份）

派皮
奶油（室温软化）60g
细砂糖 1 茶匙、盐 1g
中筋面粉 120g、蛋黄 2 颗
无糖豆浆（冰）30ml

馅料
培根 30g、芦笋 130g（约 7 根）

蛋糊
鸡蛋 2 颗、豆浆 100ml
盐 1g、黑胡椒少许

模具
6.5 英寸 /16cm 派模

★ **做法**

1. 将奶油、糖和盐搅拌至柔软绵密。
2. 加入面粉、蛋黄和冰豆浆拌匀，冰豆浆可以使派皮更酥松。
3. 用双手压成光滑球状。如果面团过于干松可再加少许的水。
4. 面团用保鲜膜包好，放入冰箱静置一小时以上。
5. 使用前半小时将面团从冰箱内取出，夹在两张烘焙纸间压成 0.5cm 厚的派皮。
6. 放入派模中，刷上少许蛋白。刷上蛋白的目的是增加派皮光泽度，以及防止湿润馅料让派皮过湿，而造成口感不好。
7. 将培根煎至焦香，加入芦笋拌炒。
8. 将"蛋糊"材料在碗中搅拌均匀。
9. 将培根和芦笋平均铺在派皮上，倒入蛋糊，以 180℃ 烤 25 ~ 30 分钟即可，稍微冷却后脱模即可享用。

Tips
面团只需要揉到刚好成型，不要过度搓揉，以免派皮缺少了酥松的层次感。

Tips
面团冰镇时间拉长，可以提高奶油的硬度，派皮会更酥松。

♨ Chapter 7
好满足！豆浆午茶甜点

> 豆浆不仅拥有丰富的蛋白质，热量也低，
>
> 用来当作甜点的食材再适合不过，
>
> 无论是西式的司康、磅蛋糕，
>
> 还是中式的紫米西米露、芝麻酪，
>
> 都是清爽无负担的豆浆甜点！

>> 抹茶豆浆司康

司康是英式午茶的必备元素，当司康漂洋过海来到东方，
为它增添了抹茶和豆浆的雅致风味。

食材 🍴

蛋黄 1 个
无糖豆浆（冷）100 ml
无盐奶油 75 g

粉料
中筋面粉 200 g、抹茶粉 5 g
泡打粉 5 g、细砂糖 45 g

★做法

1. 将粉料混合过筛，以免结块的粉粒，影响味道和口感。
2. 在平底盘中，以刮板混合粉料和无盐奶油，可避免手的温度加速奶油融化。
3. 加入蛋黄和豆浆，拌揉成一个面团。
4. 擀成 3 cm 的厚度，对折并用刮刀切成 9 等份。用保鲜膜包起来，放入冰箱冷藏半小时。
5. 烤箱预热至 180℃，放在烤盘中以 180℃烤 20 分钟即可。

Tips
也可以运用模型，压出自己喜欢的图案哟！

>> 花生豆浆松饼

美式松饼做法简单，用豆浆取代鲜奶，并加入香浓花生酱，
午后就享用一份令人难以忘怀的甜美滋味吧！

食材 🍴

低筋面粉 80g、泡打粉 5g
砂糖 15g、无糖豆浆（冷）150ml
鸡蛋 1 颗、奶油 1 大匙
花生酱 1 大匙
冰淇淋 1 球（可省略）
薄荷少许（装饰用，可省略）

★ 做法

1. 奶油、砂糖和花生酱放入玻璃容器中，隔水加热融化拌匀，放凉备用。
2. 奶油花生酱中放入豆浆、鸡蛋拌匀，再加入过筛的低筋面粉和泡打粉，再次拌匀。
3. 面糊用平底煎锅以中小火煎，等到底部煎至金黄焦香，翻过来煎另一面。
4. 可多煎几片，做成松饼塔。

Tips

锅内用厨房纸巾抹少许的油，因为面糊本身有油脂，第一片松饼之后就不需要再抹油了。

Tips

依喜好搭配打发的鲜奶油或冰淇淋享用。

>> 豆浆紫米西米露

可以吃冰的，也可以吃热的，甜蜜蜜的营养甜汤。
黏糯的紫米和 Q 弹的西米露，充满丰富缤纷的口感！

食材

紫米粥
紫米 50 g
圆糯米 30 g
无糖豆浆（冷）400 ml+ 适量
细冰糖 50 g

西米露
西谷米 30 g
滚水 1000 ml
冰水 500 ml

★做法
1. 紫米和圆糯米洗净后泡水冷藏过夜。
2. 沥干后加入 400 ml 的豆浆，放入电饭锅，外锅放 2 杯水蒸煮。
3. 煮好后趁热拌入细冰糖，完成紫米粥。
4. 另取一锅，水滚后放入西谷米，不时搅拌，煮 15 分钟至透明。
5. 沥干后泡到冰水中，可维持 Q 弹口感，完成西米露。
6. 依照喜好的分量，将紫米、西米露和豆浆拌匀即可。

Tips
添加圆糯米可以让
口感黏糯滑顺。

>> 黑芝麻豆浆酪

食材 无糖豆浆（冷）200 ml
黑芝麻粉 15 g
黑糖 30 g
吉利丁片 1 片

浓醇香的黑芝麻豆浆酪，
高钙又营养的健康风味，享受甜点无负担！
令人爱不释手的滑嫩口感，
作为餐后点心刚好的小巧分量。

Tips
只需加热到黑糖
完全融化即可。

① 将豆浆、黑芝麻粉和黑糖放到小锅中，以中小火加热拌匀。

② 吉利丁片泡在冰水中软化备用。

③ 黑芝麻豆浆降温后，将吉利丁片下锅搅拌至完全融化。

④ 倒入容器中，盖上保鲜膜冷藏约3小时即可。

Tips

喜欢烘焙的朋友，
不妨买台搅拌机
当好帮手吧！

磅蛋糕香气浓郁口感厚实，
隔天享用更是湿润细致。
秋季的南瓜特别香甜，
和豆渣一起丰富磅蛋糕的口感和香气吧！

1 将无盐奶油置于室温软化，加入
细砂糖，用搅拌器搅打至蓬松。

2 加入鸡蛋、南瓜泥和豆渣拌匀，
做成南瓜面糊。

3 低筋面粉、泡打粉和盐混合过
筛，加入南瓜面糊中，用橡皮刮
刀拌匀。

南瓜豆渣磅蛋糕 <<

食材 无盐奶油 90g、细砂糖 80g、鸡蛋 1 颗
熟南瓜泥 80g、豆渣 50g、低筋面粉 100g
泡打粉 5g、盐 1g

模具 磅蛋糕模：宽 8cm × 长 17.5cm × 高 6cm

4 烤箱预热至 170℃。磅蛋糕模装
入烘焙纸，倒入南瓜面糊，以
170℃烤 30 分钟即可。

>> 甜玉米豆浆玛芬

浓醇豆浆搭配香甜玉米粒，真是别具乐趣的美味玛芬。
当甜美香气从烤箱散发至整个厨房，心里便开始期待那湿润松软的口感。

食材

无盐奶油 135g、黄砂糖 145g、鸡蛋 2 颗
豆渣 60g、无糖豆浆（冷）60ml
低筋面粉 135g、泡打粉 5g、盐少许
玉米粒 90g（内馅）+ 10g（表面）

★ 做法

1. 将玉米粒沥除水分。
2. 将室温软化的无盐奶油与黄砂糖搅打至蓬松。
3. 加入鸡蛋、豆浆和豆渣拌匀。
4. 低筋面粉、泡打粉和盐筛入面糊，用刮刀拌匀。
5. 加入 90g 的玉米粒拌匀。
6. 烤箱预热至 180℃。往玛芬模倒入约 8 分满的面糊，
   表面撒上少许玉米粒，以 180℃烤 20 分钟即可。

模具 玛芬模 9 个（顶部尺寸：直径 7cm；底部尺寸：直径 5cm；高度 3.5cm）

面粉
过筛

>> 豆渣意式脆饼

早晨习惯来杯豆浆拿铁，搭配的是意大利的 Biscotti，
这个干硬的饼干，就是要浸泡在拿铁后食用，
放在玻璃罐内，为每日早晨多一点儿美丽风景。

低筋面粉 100g
泡打粉 1 茶匙
细砂糖 50g
豆渣 100g
鸡蛋 2 颗
橄榄油 15ml
坚果 50g（大略切碎）
葡萄干 50g

★做法

1. 将低筋面粉和泡打粉混合筛入搅拌盆中。
2. 加入细砂糖和豆渣拌匀。
3. 加入蛋液和橄榄油拌匀。
4. 加入碎坚果和葡萄干，用刮刀拌匀。
5. 烤盘上铺烘焙纸，烤箱预热至 170℃。饼干面团分两份，调整成椭圆形。
6. 以 170℃烤 25 分钟，表皮会有点硬硬的，放在网架上冷却。充分冷却后，切成 1cm 的厚度。
7. 铺在烤盘上，以 150℃烤 10 分钟，翻面再烤 5 分钟。

饮品食材搭配速查索引

图书在版编目（CIP）数据

百变豆浆机 / 小厨娘Olivia，乐活厨房著．—南京：译林出版社，2017.9

ISBN 978-7-5447-7030-9

I.①百… II.①小… ②乐… III.①豆制食品－饮料－制作 ②豆制食品－菜谱 IV.①TS214.2 ②TS972.123

中国版本图书馆 CIP 数据核字 (2017) 第 187100 号

中文简体版由绘虹企业授权，在中国大陆地区出版发行。

百变豆浆机　小厨娘Olivia　乐活厨房／著

责任编辑　陆元昶
特约编辑　苏雪莹
装帧设计　Metis 灵动视线
校　　对　肖飞燕
责任印制　贺　伟

出版发行　译林出版社
地　　址　南京市湖南路 1 号 A 楼
邮　　箱　yilin@yilin.com
网　　址　www.yilin.com
市场热线　010-85376701
排　　版　文明娟
印　　刷　北京旭丰源印刷技术有限公司
开　　本　710 毫米 ×1000 毫米　1/16
印　　张　11
版　　次　2017 年 9 月第 1 版　2017 年 9 月第 1 次印刷
书　　号　ISBN 978-7-5447-7030-9
定　　价　38.00 元